JN329988

理科少年シリーズ……5

「ザインエレクトロニクス」最強ベンチャー論

強い人材・組織をどのようにつくるか

ザインエレクトロニクスCEO
飯塚哲哉
iizuka tetsuya
聞き手
田辺孝二
出川通

言視舎

序――震災が課題を鮮明化

本稿の元となった鼎談が行なわれた後の２０１１年3月11日、世界史にも例のないマグニチュード９・０という凄まじい規模の地震が15ｍ強の巨大津波を伴って東日本を襲い、福島原子力発電所の複数の原子炉がほぼ同時にメルトダウンを起こすというまさに未曾有の災害が発生した。巨大地震、巨大津波、原発事故の３つが同時に襲うという、これも世界初の災害に襲われたのである。２万数千人もの犠牲者を出し、経済的損害は20兆円を超えるとも言われている。多数の犠牲となった方々の冥福を祈るとともに、被災者の方々の一日も早い復興を願うばかりである。

本書の中の議論のごとく、日本はこの大震災前からすでに20年を超える長期低迷に喘ぎ、あり余るほどの課題を抱えていた。１９８０年代の後半、すでに人口ボーナスが終わり、冷戦構造が終結した頃から急速に国際競争力喪失の道を走り始めた。世界一の速度で進行する人口オーナス、少子高齢化とともに、政治体制の劣化も進み、積みあがってきた国債の膨張はＧＤＰ比で１・８倍以上に達している。世界第２のＧＤＰの地位は２０１０年中国に譲り、世界第一クラスを誇った一人当たりＧＤＰも16―20位前後で低迷している。扶養されなければならない高齢者が急増し、社会保障制度の将来構想も見えてこない。国のトップが「雇用・雇用・雇用」と何遍唱えても、雇用を生み出す経営者や起業家自身が、事業環境、税制、諸規制、雇用制度などの観点で日本に魅力を失いつつある。そうしたあらゆる面での劣化が20年を超えて進行していた中で、この未曾有の大震災に襲われたのである。

したがって本書の中で語られた経営者、創業者、ベンチャーといった視点の課題は何一つ震災前に比べて改善されてはいない。むしろ、そうした課題がいっそう鮮明になり、人々の危機感が強烈になり、世界から忘れられかけていた日本への注目が再び集まったことが、ピンチの中のチャンスと考えるべきかもしれない。そして日本人が本来持っていると信じたい創業精神、チャレンジ精神こそが、いま求められている雇用を生む力になるはずである。そうしたことを思い、本書は震災前の鼎談を元にしたものではあるが、そのまま発行を進めることにした。

弊社ザインエレクトロニクス自身、創業以来、成長期と停滞期とを繰返し体験してきたが、いま顧客の市場が激変したために苦戦を強いられている。しかし、経営の基本の大切さはむしろ鮮明化している。創業以来大切にしてきた主義主張は後退することなく、もっと深耕して発展させてゆく必要があると感じている。

巨大震災を経験した日本がそれまで時間をかけて議論してきた課題を一挙に解決しなければならない時が到来した。この震災を第三の敗戦だと捉える人も多い。再び先の敗戦後の奇跡を思い起こそう、そうした思いで本書を読んでいただければ幸いである。

飯塚哲哉

目次

はじめに

この本は、日本のなかで「最強のベンチャー企業」としてすでに成功し、継続的に次の手を打ち続けている創業社長である飯塚哲哉氏を取り上げることになりました。飯塚さんの「ザインエレクトロニクス」は就職優良度ランキング（２０１０年-２０１１年版電気機器業界）のなかで、技術系創業社長の率いるベンチャー企業で№１となっています。

このランキングは、「競争力」「安定性」「生産性」「待遇」の４要素で評価し、企業規模にとらわれない「安心して長く働ける会社」を探すことを謳うサイトのものです。電気機器業界全体のランキングでも「ザインエレクトロニクス」は第3位となっており、飯塚さんのご出身の東芝の30位はもとより、大手人気企業としてもファナックが4位、ソニーが7位、キヤノンが24位ということを見ても、際立った順位ということができます。

(http://kigyokenkyu.com/contents/company/6769.html)

ここでは予備知識として、飯塚さんと創業した会社について、さらに理科少年シリーズの企画との関わりについて少し紹介させていただきます。

現在のザインエレクトロニクスは、日本では数少ない成功した半導体系ベンチャー企業の草分け的存在として知られています。同社の特徴は、いわゆる工場をもたない開発型企業であり、いわゆる半導体の開発設計に機能を集中させるファブレス企業であることです。現在のクライアントは日本、韓国、台湾などの大手電機メーカーや半導体専業メーカーなどの有力企業がほとんどです。

もともと東芝の半導体技術者であった飯塚さんが、一念発起して１９９１年に「ザイン・マイクロシステム研究所」（茨城県つくば市）を設立し、半導体設計業務のコンサルティングや委託事業を始め、翌年92年6月には韓国の三星電子（現、サムソン電子）との合弁会社として「ザインエレクトロニクス」を東京都中央区で創業したのが始まりです。そして97年には、三星電子の持ち株を買い取り合弁を解消して〝第二の創業〟を実施し、自社ブランド製品を手がけ始めたという経緯をもっています。

同社のビジネスモデルは、大手電機メーカーなどとアライアンスを組み、彼らが求める半導体の新製品を迅速に提供するもので、いわゆる戦略的な開発連携型ベンチャー企業ということもできます。

この結果、順調に業績を伸ばし２００１年8月にはＪＡＳＤＡＱ市場に上場を果たし、株式市場からの資金調達を可能として順調な発展を遂げ、今回の就職優良ランキング企業にまでなったのです。


本書は理科少年シリーズの⑤として出版されます。これは、飯塚社長がこれまでの著書のなかで「理科少年体験」を明確に書かれていることもあり、ベンチャー起業の源泉として「理科少年」体験があるのではないか、という仮説を検証する機会として本書を捉えたものです。その内容は本書のなかでも語られますが、一部を紹介しましょう。

《小学生時代の徹夜で知った【フロー状態】の幸せ、……小学生時代にこんな経験をしたことがある。私は幼いころから、物をつくるのが大好きだった。……そんな子供時代の物つくりのなかでも、とくに印象深く覚えているのが、小学校4年生のときに作った真空管ラジオだ。……配線とにらめっこしながら、黙々とハンダ付け作業に集中していた。「時がたつのを忘れる」とは、まさにあの時の私のことを言うのだろう。気がつくと、夜が白々と明けていた。……いつの間にか朝を迎えていたことに気が付いた時、私は驚くというより、やけに感動していた。無我の境地で物作りに没頭し、知らないあいだに時間が過ぎていくことに、「至福」と呼んでも決して大げさではないぐらいの充実感を味わったのだ。……》（飯塚哲哉著『時間を売るな』祥伝社、２００８年より）

夢中になって仕事に打ち込む精神状態を、「フロー」という言葉で説明していますが、「フローとは、夢中になって仕事に打ち込むことで〝無我の境地〟のような幸福感を感じる」ことで、ベンチャー企業は「フローを与える場である」ともおっしゃっています。

これは理科少年のもつ探究心、冒険心、集中心などと一致し、新しい未知なものに接したときに感じるわくわく感、ドキドキ感などと同義であるといっても間違いはないと思います。本書では、「フロー」以外にも「人資豊燃」「創業守成」「三異の時代」など、飯塚さん独創のいろいろなキーワードが出てきます。この鼎談を通じて語られている飯塚さんの夢と現実、やさしさと厳しさ、純粋さとしたたかさ、組織と個人との関係などの相克のキーワードをうまく拾い上げ、イノベーションとの関係を自分流に解釈するのも、本書の楽しみ方の一つかと思います。

本書における鼎談の相方の二人について簡単にご紹介しましょう。

田辺孝二さんは東工大教授で本理科少年シリーズ④で、主役を務めた日本のイノベーション研究・教育・実践の第一人者です。

本文を書いている出川通は、イノベーションのマネジメント（ＭＯＴ）をキーワードに、製造業と技術者の付加価値向上を目指すコンサル会社を立ち上げて、理科少年シリーズの企画に関わっています。

この二人と主役の飯塚さんの共通点は、かつて大きな組織のなかにいたこと、海外経験を持っていること、中高年でスピンアウトをしたことなどが挙げられます。

本書を通じて日本のベンチャー企業やイノベーションの実現に興味をもつ技術者を中心とした皆様に、現場での実践を通じた新たな気づきを楽しんでいただけたら幸いに思います。

聞き手を代表して　出川　通

I

ザインエレクトロニクス

——その「強さ」の秘密

1　ザインエレクトロニクスのターニングポイントを追って

●出川　日本で先端技術をベースにベンチャー企業を興して本当にうまくいった例は、実のところあまり多くないのですが、その稀有な例としてザインエレクトロニクスの飯塚社長をお迎えしてお話をうかがっていきたいと思います。

今回は理科少年シリーズの5作目ということで、前回理科少年シリーズ④の主役でありました東工大の田辺さんにもご一緒していただき、さまざまな視点で飯塚さんを解剖して（笑）、その本質をつかもうと思います。

早速、飯塚さんに最近のザインエレクトロニクスの近況からお願いしたいと思います。

❖――「TACK100」と「創業守成」

●飯塚　今年２０１１年で、創業して20年になります。同時に上場してから10年になります。ちょうど区切りの年ですね。いろいろなことがありましたけれども、いまわれわれが闘っている課題は、「ＴＡＣＫ１００」（タックワンハンドレッド）と名づけているものです。

タック Tack というのはヨット用語で、風上に風を取り入れながら遡上していくときに使う操縦用語です。“Toward Asia: , Chiwan and Korea”＝ＴＡＣＫという意味でもありまして、もっとアジアにビジネスを伸ばそうということでもあります。

ここでもう一回ターニングポイントを作ろうということで、３カ年・中期戦略、２０１３年に向けて粗利１００億を狙おうというのが目標です。

ただ、「成長」が命ではなく、「成長」はあくまでも手段なのです。私のキーワードである「人資豊燃」――人財と資産・資源を豊かに燃やす――の実現を目指しています。そのための適正な成長を目指そうということです。

会社の寿命は30年という説がありますが、会社も20年経ちますと〝体調〟が悪くなることもあれば、いろいろなところに余分な〝コレステロール〟が溜まったりします。そういう意味でターニングポイントが必要なのです。

今の一番の課題は、次の成長を担う人材への継承です。次の世代への継承を考えながら、どう次の成長のフェーズを作っていくか、ということで闘っています。

年末に四文字熟語のクイズなどをやるのですが、去年の年末に出したのが「創業守成」という四文字熟語。これは唐の太宋（たいそう）が家臣たちに、「王朝を立てるのと守るのとではどちらが難しいか」と尋ねた故事によるものです。「創業は易く守成は難し」の略、つまり、国を興す（創業）のも困難な事業だが、事業（国）を受け継いで維持発展する（守成）ほうが難しいということです。

文化を受け継いでさらに発展させていくことが、いかに難しいか、それは創業以上かもしれない、という話を幹部や若者にぶつけたところです。

❖――高いPPP(performance per person)を目指す

●出川　まずは「成長」、さらに「発展」を求めるということの意味ですが、ご指摘のように会社の規模が大きくなることを「成長」だけととらえると間違ってくると思います。「成長の時代は終わった」という見方もありますね。それは手段として、これからは「発展」しなければいけない、質をよくするという見方もあるわけです。そういう意味で、成長しながら質もよくする、というニュアンスでとらえてよろしいですね。

●飯塚　最近たまたま内閣府で意見を求められて、意見書を書いたのですが、やはり成長を大事にしないと日本は破綻します、と申し上げました。その場合「成長」とはいったいなんだろうということになりますが、それは経済活動が一人当たりのＧＤＰにいかに貢献するか、という問題になると思うのです。

合計してみると巨大なＧＤＰになる、巨大な企業のビジネスサイズになる、しかし、一人当たりにするとたいしたことはない、というのではだめなのです。創業以来言ってきたのは、高いＰＰＰ（performance per person）を求める企業を目指しましょうということです。企業サイズが小さくても、一人当たりの研究開発費でもいいいし、一人当たりの給与、一人当たりの利益でもいい、そういうものをよくしていくのが成長だと考えています。

国家も同じで、高いＰＰＰを目指す国家になりましょうということになります。それが少子高齢化という深刻な課題に立ち向かう手段でもあります。

●出川　アメリカでのベンチャーの創業の原動力には、単に大きい企業だと「一人当たりの成果」（ＰＰＰ）が無視されるので、それをもう一度見直そうということがありました。しかし、成長が成功して企業が大きくなってくると、それがどんどん薄められるという矛盾が生じる。そのバランスはどうでしょうか。

●飯塚　そうですね、まさに矛盾との闘いなのです。ＰＰＰを成長させながら、サイズも大きくしていくというのは、明らかに矛盾です。最大のＰＰＰを出すための最適な人数がありそうですね。ですけれど、そういう「解」を求めながら、企業サイズの持っている安定性というのはあるのです。それを両立させていく形態とは何かというのが研究課題であり、実地で取り組んでいるところです。

●**出川**　開発をうまくやりながら、全体が豊かになる、個人の資質を最大に出すサイズの話だと思います。これは社長のキャパシティにもよりますが、よくいわれていることはヨーロッパだとだいたい２００人くらいまで。どんなに大きくても３００人を超えた会社はあまり見たことはありません。１００人くらいの会社はけっこうありますね。

　あるヨーロッパの会社の社長は、全員が目の届く範囲がそのくらいなのだ、と話していました。ちょうどザインエレクトロニクスは、それを超えようとしている段階ですね。そうすると、技術者の立場――ひとりあたま――としてどこまで成長を目指すのかというのが、興味のあるところです。

●**飯塚**　おっしゃるように、ただ成長していくことを求めているわけではありません。いかにしてＰＰＰを大きくしながら成長していくかという課題を達成するには、いくつかの方法があると思っています。

　そのひとつはカンパニーグループという方法ですね。ベンチャーカンパニーグループというかたちを追いかけています。小分けにしていく。それぞれがベンチャー企業を経営している。やはり常に最前線に価値の高い情報がある。それに日々接している経営陣がスピード感のある決定をしてゆける。そういうことがソリューションのひとつじゃないかと考えています。

今は少数のビジネスユニットの範囲からどう超えていくか、おっしゃるように２００人前後になってきましたので、いかにそれを超えていくかという闘いをしているわけです。

❖――ターニングポイント

●出川　創業のときからこれまで、いくつものハードルとずいぶん質的な変化もあったと思うのですが、大きなターニングポイントがあったとすると、どんなところですか。

●飯塚　ターニングポイントはたくさんありますね。いくつも脱皮をしておりまして、創業したのは91年ですが、92年には早くもサムソンと合弁会社をやりました。これもそのひとつです。
98年には株式をＭＢＯ（Management Buy Out）をして――本来の意味でのＭＢＯです――、完全な独立を果たしました。いまや世界制覇を果たしたサムソン電子という、泣く子も黙る（?・）ような企業と合弁会社をやった経験から一歩脱皮した、というのが第二の創業ですね。

そして、自社ブランドのビジネスをファブレス（工場を持たず、生産を外部に委託するメーカー）モデルを始め、3年ほどでＪＡＳＤＡＱ市場に上場したのです。上場というのは通過点にしかすぎないと思いますが。

第三の創業は、２００７、８、９年と3年をかけた「Ａｃｔ３-３-３」です。これはこの期間で新しい製品の粗利を3倍に増やそうという計画で、結果的には３・３倍になりました。これが第三の創業かなと思っています。

●**出川**　自分たちの工場を増やし、どんどん規模を大きくしていくのではなく、〝頭〟の部分を自分たちがやって、大企業やアジアの国々の企業をうまく使いながら価値を生み出していくというモデルを、まさに実践されてきたというわけですね。それが個人を活かすことにもつながっている。

●**飯塚**　そのモデルは昔からあったもので、シリコンバレーを中心として始まったベンチャーのビジネスモデルだと思うのです。

●**出川**　日本の中で技術者が主導して立ち上げたベンチャーをそういうかたちで立ち上げられＩＰＯ（新規株式公開）までいっている、さらにやっていることを実践されたのは、飯塚さんのところくらいしか知らないのですけれど……。

●**飯塚**　それは、日本の半導体産業が苦戦した理由と一対だと思います。

●**出川**　シリコンバレーには日本人もいっぱい行っていたわけですから、たくさんの人がいろいろな例を見てモデルはわかっていても、それを日本に帰って実際にできるかというと、なかなかできないのですが。

●飯塚　原点は１９８０年代の経験です。東芝の社員として留学していたシリコンバレーで、アングロサクソンの人たちだけでなく、アジアからの台湾人、中国人、インド人といった人たちが、そういうビジネスモデルで実績を出していくのを見てしまった。アジア人に「おいしそうなこと」を先にやられちゃうと、正直、ちょっと待ってくれというところがありました。非常に競争心が湧いてきたのです。華僑の友人が目の前で創業して、事業をうまく発展させて、「階級」を移行していくのを見せてくれたものですから、すごく印象的というよりそれはショックでした。

❖――シリコンバレーと日本

●田辺　飯塚さんの『脱藩ベンチャーの挑戦』という本に書かれていますが、シリコンバレーには、まさにそういうベンチャーの発展を支える環境があります。飯塚さんが素晴らしいのは、日本ではそういう環境がない中で、同じような成功をされている点です。現在はご自身もベンチャーを応援していますよね。

シリコンバレーと同じような環境がないにもかかわらず、飯塚さんが日本の中でできたのは、何が要因だったのでしょうか。

●飯塚　それは、シリコンバレーと日本は違うという前提に立っていることでしょう。全く同じようなことをしたらだめだということです。

●田辺　資金は銀行から融資を受けたのですか。

●飯塚　それはあまりやろうとしなかった。

韓国企業がまだ日本を追いかけている時代だったのです。そういう時代の中で、サムソンとの出会い、サムソンとギブアンドテイクができたことが大きい。今やれるかというと、もはや別のフェーズですが、当時はそれができていて、サムソンから「提携をしよう」と提案していただけた状況があったのです。

われわれがシリコンバレーにいたら、そうなっていたかどうかわからないですね。日本というところで、ポッと出てきた立場だから、欠点もたくさんあったけれど、いいところもあったと。ケースバイケースということになるかもしれませんが、少なくともシリコンバレーと同じやり方をしたら、日本ではまったくうまくいきません。

●田辺　そういう意味では、サムソンとのパートナーシップというかアライアンスが大きいということですか。

●飯塚　日本という環境を考えれば大きいですね。1992年から1998年まで、いっきにそれをやれたということで、ベースロードを確保することができたし、いろいろなビジネスの知恵を教わった。

●出川　サムソンは、ちょうどその時期、日本の中からいろいろなものを全力で吸収していた。飯塚さんというすぐれた技術者が東芝からスピンアウトされたのが、サムソンには魅力的に映ったということもあったでしょうか。

●飯塚　正直あったと思います。しかし、そういうことは「瞬間」です。95年以降は、その道はもっと狭くなっていくわけです。なぜならサムソンは97年頃からIMF危機に見舞われてゆく中で日本を見切ったからです。言わば「日本から学ぶものはもうない」という結論を出したのです。彼らは97年、98年と、われわれとも提携解消をすべくいろいろ努力されていました。

●出川　飯塚さんは技術者らしくなく（笑）、逆にそれをうまく利用されたということもできますね。普通に考えると、大企業が一度テイクしたところを手放すはずがないですから。

●飯塚　しかしサムソンは、良くも悪くも、生き馬の目を抜くような生き方を常にしているわけです。お恵みや施しがよく行なわれる国家の日本とは、まったく違う文化を持った人たちですね。そういうところなど、日本人は彼らから学ぶことはたくさんある。

●田辺　まさにそういうタイミングでＭＢＯをされて、第二の創業ですね。大きな転機ですね。ファブレスで、ご自身のブランドを出すのも大変だったと思うのですが……。

●飯塚　実は我々も例外ではなく、たくさん御釈迦の山があるのです。さっきの華僑の友人もそうですね。１９８０年ごろ彼はヒューレットパッカードからスピンアウトしてウェイティックという会社を創業します。その頃、土日もなく寝食を忘れてやっている彼のガレージの職場に行くと、７個くらいプロジェクトを説明してくれました。そのうち6個は後に御釈迦になって、７個目がやっと当たって大きくなったのです。トライ&エラーの繰り返しです。

　われわれもサムソンと協業している間に、とりあえず「今日の夕方のごはん」と「明日の朝食」くらいのことを考えるわけです。そのわずかな余暇のなかで、自分のトライ&エラーを繰り返しました。そこで御釈迦の山がたくさん積みあがっていくのです。

●出川　まさにイノベーションの試行錯誤の実践物語ですね。ただ基本的なプランはもちろんあった？

●飯塚　事業計画をきれいに書くという技術も大事なのでしょうけれど、ほとんど当たらないというのが、私の確信ですね。

2 「三異の時代」

❖――「三異の時代」

●出川　日本の大企業はある意味では時代のパラダイム変化に対して遅れていて、しぶとく研究開発部門を会社の中に持っているわけです。持っていて苦戦しながら、スキルと熱意で頑張っている。

たとえばエレクトロニクス大手の日立も東芝も松下もそうですね。そういう企業のあり方は、飯塚さんからご覧になってどうなのでしょう。

●飯塚　そういう意味で〝これから〟２０１０年以降のことをお話しします。キーワードが３つあります。称して「三異の時代」です。

最初の「異」は「異国」です。グローバル化がもっともっと進んで、国境がどんどん見えなくなる。ですから国際人を作らなければならないことがもっともっと必要になってくるということです。これは篤姫や黒船来航の時代から日本人にとって必ずしも容易なことではない。

次の「異」は「異分野」です。異なる分野をどう結びつけるか。この能力に長けているかどうか。統合する力。つまり半導体でいうと、半導体の設計力だけ持っていてもだめなのです。半導体の例えばＭＥＭＳ（微小電子機械システム）で言えば、その製造技術だけ持っていてもだめで、ＭＥＭＳだけでなく、制御や情報処理チップの設計開発力と市場との結びつきを含めて実現する。これを短時間でローコストで、そういうチームを数日のうちに作り上げる競争力です。そういう競争を考えると、日本の得意とする大きな資本系列を中心とする方式にはチャンスがあるかもしれない。日本の企業が必ず勝てるという訳ではないけれど、勝てる確率がかなりあるのではないかと思います。上手にやればアップル型よりはチャンスがあると。

3番目は「異時定数」。「異速度」と言ってもいいのですが、これは後で説明しましょう。とにかく今は、集中と選択も大切ですが、付加価値の獲得には2番目の異分野・統合力が非常に重要な時代に変わってきています。

●**出川**　そうすると、技術者にまずは言うべきは2番目のキーワード、自分の専門性だけではなく、幅広く本気でいろいろなことをやるということがポイントになりますか。すくなくとも、細く尖って専門に特化してという時代は終わっています。どうしてこういうことを聞いているかというと、日本の中の優秀な技術者は圧倒的に大企業にいるわけです。このシリーズ「理科少年シリーズ」でいうところの「理科少年」が成長した技術者のほとんどは、大企業にたくさんいる。その人たちはこれからどういうふうに生きたらいいのか。いきなりベンチャーでやれと言われても、それは簡単にできることではないですよね。

❖──「異分野」統合能力

●**飯塚** そうですね、「異分野」を統合する能力がこれから問われます。

これまでの20年、特に最近の10年は世界ではファブレスが急成長をした。だからファブレスになれば強くなるだろうという発想をお持ちの方がいて、そういう方向に舵を切り替えてゆこうとする動きがありますけれど、それは１９８０年代中程から２０１０年中程位まではないでしょうか。これからのモデルとしてはそれでは「2周回遅れ」ではないか。ファブレスが即有利だという時代はもう終わりつつあると思うのです。3周回遅れかもしれない。これからは統合力の時代であり、ファブは持っていたほうがいいという場合もあるかもしれません。

●**出川** そうすると日本の企業は周回遅れであってもチャンスが出てくるかもしれない。

●**飯塚** でも、十分条件ではありませんから確率は2、3割でしょうか。チャンスはあると。

●**出川** そのときにどっちに転んでも、企業でも個人が何かをやるにしても、統合力がこれから問われてくるわけですね。

●**飯塚**　最近われわれが投資することに決めたシリコンバレーのＭＥＭＳの企業は、ＭＥＭＳの最先端のプロセスを開発するベンチャーです。それだけではいま数多く生まれている競争相手と同じになりますが、彼らは製造を請け負う企業とそれをシステムにして最終顧客に売る企業からも投資を受けていて、サプライチェーンがすでに設計されている。これが統合力です。

　いまＭＥＭＳ、ＭＥＭＳと言っても、だれも価値を出せない。みんなすごいものを作りますが、市場に繋がるしくみが出来ていないと二束三文になってしまってどうしようもない。では、どうやって価値を出すかというと、何かと組み合わせて市場に繋がる価値を作る。それが統合力だと思います。ファブレスなら即ち強いというのは、短絡した話です。

　一方、資本でつながっているから統合力があるというのはこれもやや短絡的ですが、つながっていたほうが、バリューチェーンをより確実に形成できる可能性の上で有利な要素だということです。これまでは資本関係による垂直統合がだめだと言われ過ぎた気がします。バリューチェーンを作る統合力が問われる時代になってくるのは確かだと思います。

●**出川**　飯塚さんのところが強いのは、一般にいわれているようにファブレスだからというより、実はいろいろなところとの関係を持ちながら統合力を持ってやっている。だからこそ伸びているわけですね。

●飯塚　とくにこれからクリーンとか、エコという時代には、工場を持っていたほうが得だとか、有利だという可能性があります。三菱はずっと前からですけれど、東芝もＩＧＢＴなどパワーの部隊は外に出さなかったわけで、これからの可能性をもっているわけです。新興国の追い上げは激しくますます競争は激化してはいくでしょうけれど。

ただ太陽電池にしても、もっとスピードをもって連携を作らないといけません。統合力というのはバリューチェーンを作るスピードを上げる能力と考えるべきだと思います。

❖――「異時定数」

●田辺　それで３つ目の「異時定数」ですね。

●飯塚　「異時定数」と言ったり、「異速度」の世界と言ったりします。どういうことかというと、経営力の話なのです。たとえば産業としてみた場合、半導体というのは、非常に「じゃじゃ馬」です。つまり、投資した年と、収穫の年は同じ年ではないのです。翌年とか翌々年度にずれるのです。

だから横軸に投資額を、縦軸にリターンをとってプロットしてみても、相関関係が見られないということになる。でもどこかで投資しなければリターンはない。投資を判断するときには、こんな猛吹雪のときにどうして投資するのかというふうにずれてしまう。そういう産業が、これから増えてくるだろうと思います。

そのときに2年でトップが交代するようなことが日本ではよく行なわれますが、これは問題です。2年ごとに交代していては、これだけ因果関係が不透明な産業の意思決定はかなり困難ではないでしょうか。見直しが必要と思います。

たとえばサムソンのように、5年から10数年、トップの座を任せることも重要です。オーナー企業とはいいますが、必ずしも企業の創業者やオーナーという意味でなくとも、各事業部門のトップは、成果が出せる限りですが、報酬もかなり高く、10年、20年任されるわけですよ。そうすることで自分のビジネスへのオーナーシップが強化される。自分で決めたことはしっかり戻ってくる。ダメだったらクビを切られちゃう。しかし2年で交代することが前提という意識があると、社長が、「その話は待ってくれ、あと2年で定年だから」となりかねない（笑）、極端に言うとですけど……。

この異時定数の経営力の時代には、経営者が波長の長い荒波を精力的に乗り越えられる制度上の工夫がもっともっと必要です。

●出川　ベンチャーを増やすということは、基本的にはオーナーとマネジメントに近い周囲の人を増やすということですから、そういう新しいことができる可能性が増える。いろいろなところで時間軸の調整がフレキシブルに必要になります。統合力の前の空間を広く知るというのが、さっきの異分野を広くするという意味。それから時間軸も知らないと、調整できないということですね。飯塚さんの場合は、どうやってそのタイミングをはかっておられるのか。先を見るとかそういうことをやっておられるのでしょうか。

●飯塚　そういう問題もありますけど、もうひとつ「異時定数」で言いたかったのは、商流で生ずるズレの問題です。商品には上流から下流へ、材料から製品にいってシステムにいくという流れがあるわけですが、それぞれに受注から納入までの「長さ」がある。これがだんだん短くなっている。上流が短くて、下流が長ければ楽なんですけど、ほとんどが「逆ザヤ」となっていて、下流側がより短い。つまり、お客さんがころころ言うことを変えるんですよ。先ほど工場への投資の話をしましたが、表現を変えるとそういうことです。

今「こういう技術がほしい」「こういう製品がほしい」と言われて、「わかりました」と言っても、結果が出るのは来年。しかし、お客さんは半年後には違うことを言い出すんですよ。すると納めるまでの時間がない。そういうのが「逆ザヤ」で、「異時定数」というのは上流と下流で

「時定数」がずれていることであると言えます。

●出川　奥が深いですが、そこを全部うまく調整しないといけない。

●飯塚　こんな難しい経営を、２年で交代するようにできるか、ということですね。

❖――「忘我の境地」

●出川　ところで、そういう複雑な時間軸の中でやっている技術者は、全体が見えないと振り回されますよね。まあ、我関せずでやっている人もいますが、どうしたらいいでしょう。

●飯塚　ある程度振り回されるのはやむを得ないですよね。

●出川　振り回されてみないとわからないこともあるでしょう。振り回されることを楽しむ？

●飯塚　ある程度そういうものですよね。その中で、ある時を経るとこれだっていうものが響いてくるんじゃないですか。僕はそういうときを「人資豊燃」というか、「忘我の境地」（Ⅱ-１で詳説）にはまるときだと思うなぁ。

●出川　何かに熱中して「忘我の境地」にいたることができるというのは、いわばかつての「理科少年」時代の体験が昇華したものだと思います。一般的にいうとこれは放っておいても、サポートするシステムがなくても、そういう人は１００人に１人とか、１０００人に１人とか自動的に出ると思うんです。ただ今の日本の状況ですとそれを待っていても、もう日本は間に合わない？　そういう人を輩出させるような仕組みとか、何かのサポートでもいいんですか、それがあるといいんです。それが政策でしょうか？

●田辺　政策も必要ですが、政策がなくてもできることがいろいろあるのではないかと思います。現に飯塚さんがベンチャーで成功されたことは、技術者を大いに刺激していると思います。

●出川　個人ベースでいうと、私も何かできることがないかという思いで「理科少年のわくわく感」を技術者に復活させたいということで、いろいろ試みています。このシリーズもそのひとつです。

その意味で、飯塚さんはもともと技術者出身でいらっしゃるし、経営するにしても、ベンチャー創業のときから継続的にも、技術とわくわく感が非常に重要になると思いますが、そのあたりはいかがでしょうか。

❖――「三自前主義」で一番重要なのは

●飯塚　われわれは「3」が好きで、「三自前主義」を標榜してます。今アウトソーシングの時代ですが、そうした時代でもアウトソーシングできないもの、自前に持っていなければいけないものが3つある、ということです。

まず、顧客です。顧客を作る力。その次に技術です。そして3番目が資本力です。資金力。資金調達力といったらいいかな。この3つが、どれ1つ欠けてもだめ。

これはみんな「力」がつくんですよ。だから「自前力」。顧客を創出する力。顧客と繋がるのが最初ですね。その次に、それを実現する技術が必要。

●**出川**　技術は調達だけじゃなく、最終的に自前として持っていないといけないのですね。

●**飯塚**　買ってきてもいいけれど、それをいろいろ変幻自在にハンドリングできないとだめです。

●**出川**　ということは、その技術をちゃんと知らないといけない。自分で持っていないといけない。動かすためには、自分でその技術がわかってないといけない。

●**飯塚**　買ってきてもいいのです。でも、買ってきても、ちゃんと動かせないといけない。自分にとってブラックボックスでない技術を持っているということです。

●**出川**　そうすると、企業経営として顧客、技術、資金の中で、一番大事なのは、技術そのものでないということですね。

●**飯塚**　日本の最大の間違いは、技術が一番大事だと思ったことです。顧客がいないから、日本から技術がなくなってしまったのです。よく人は「日本には技術がある」と言っていますが、それはもう幻想でしかない。

なぜなら、半導体の工場を見てください。全体のキャパシティは日本がトップなのです。25%前後同士で台湾より僅かに大きい。しかし、ちょっと、待て、と。直径8インチ以上のウェファーが処理できる先端工場のキャパシティの比較になると、台湾にはガンとあって、日本はかなり劣る。古い設備の工場を抱えているわけです。言わば日本は技術で、負けているのです。

なぜ負けたか。顧客を持って、利益を生み出し、再投資するサイクルが廻せなかったからです。日本の半導体が苦戦することになったのは、顧客が満足するような、商品の開発力を大事にせず、皮肉にも製造する技術に注力しすぎて、その技術革新に投資するための利益を生み出す力を失ったからです。

●**出川**　市場の問題というより……。

●**飯塚**　買わせる力です。

●**出川**　日本には、潜在的には市場はあるわけです。それが顕在化されていないのが問題だ、ということではありませんか。日本の市場力が、今縮んでいるととらえたらいいですか。

●**飯塚**　そういうこともありますね。また日本はあまりにも海外の顧客を無視してきて、国内の客ばかりを相手にしてきたわけです。

●出川　日本の顧客というのは、結構うるさいため、ブラッシュアップされているから、いい顧客であるはずなのですが、そこが飽和している状況といってもいいのですね。

●飯塚　その市場規模がそこそこあったものだから、そこに特化してきましたけれど、いつの間にか、日本の市場規模は縮み始めてきて、特殊な市場に見えてきたわけですね。

●田辺　日本の企業は普通、細かいですね。注文が多いのがよかった時代があるけれど、今は注文があまりに多いと、設計変更などにリソースを取られてしまって利益が出ないのです。

●飯塚　おっしゃるとおり。われわれは日本の大手さんにも海外の大手さんにも納めているのですが、日本のお客様は手離れの悪いところがあります。いつまでもサポートが必要なことが多い。海外のほうがよっぽど手離れがいいのです。

●田辺　ある大手メーカーの会長から伺ったのは、日本の企業は設計変更が多く利益が出ないので「日本の客はもう相手にするな」、売上の7割、8割を占める海外の客に重点をおくように指示したそうです。

●飯塚　それは説得力がありますね。

●田辺　縮んでいるだけではなく、顧客への過剰サービスで利益が生まれないのです。

❖——一般的な「技術」ではなく

●出川　もう一度「技術」の内容にこだわりますと、「技術」は「顧客」より重要度は上ではないかもしれないけれど、やっぱりないと困る。要するに、それぞれがある・ないの問題ではなくて、それぞれがつながっていないのが問題でしょうか？

●飯塚　そうでしょうね。この3つが全部つながって持っていないとだめですよ。

●田辺　むずかしいのですが、日本の「技術力」はどっちかというと「製造力」みたいな感じでしょうか。顧客が喜ぶような新しい価値を生み出す「技術力」が弱いのか。

●出川　顧客が本当に喜ぶものに展開していく技術力が、今きれている、と。それが「開発力」であるわけでしょ。

●田辺　それは最終的な価値を生み出す開発力かどうか。

●飯塚　顧客・技術・資金の3つがそろっていないとだめだということができます。技術だけあってもだめだし、お金だけあってもだめだし、客だけもありえない。

●出川　まさにそこを統合力としてマネジメントするわけですね。

●飯塚　そうです。ですからこの3つは自前で、あとはアウトソーシングできると思うのです。

●**出川**　「市場」ではなく、「顧客」ですね。「顧客」がとにかく喜んでくれれば、収入があるし、利益があがるわけで……。

●**田辺**　その「顧客」がいい客だったら、お互いに協力していいものを作って、他に売れるわけですよ。

●**出川**　「市場」と「顧客」は違う。そうすると一般的によい「技術」というのはなくて、「顧客」が喜ぶ「技術」というものが必要なのですね。

●**田辺**　それがまさに「顧客が求めるものを作る技術」。

●**出川**　そうでないと、一般的な「技術」の自慢話で終わってしまう。

●**飯塚**　要するに、「技術」が単独であるのではなくて、この3つがリンクしたものであればいいのです。

●**出川**　一般的な「技術」が必要ではなくて、それを言いたくて（笑）。リンクした「技術」が必要なんですよね。それは「市場」が必要じゃなくて「顧客」が必要ということと、一緒の話ですね。

●**飯塚**　お金もそうです。スピードをもって、ちゃんと供給されるお金がなければいけないんです。稟議とか、調達するまでに1年かかるとかいうのではだめです。事業している人が竦んでしまうようなものでも困る。

●**出川**　「技術」を商品化・事業化するマネジメント、すなわちMOTというのは、まさに今のお話です。顧客が喜ぶことに費やす「技術」が必要なのです。それに集中した「お金」も必要です。一般の「お金」が必要じゃなくて、そのためのマネジメントが必要であるということになりますね。

❖――そもそも「技術」とは何か

●**田辺**　では、「顧客」を創る力、顧客の信頼を得るものは何でしょうか。

私の研究室（東工大大学院）でベンチャーをやっている学生がこんなことを言っています。彼は、自分ひとりでは開発できないので、違った分野の優秀な若者を集める際に、具体的なビジネスコンセプトを提示することが重要だった。また、事業化にあたっては、プロトタイプを提示することで、生産や販売を委託する事業パートナーを得ることができたそうです。小さい会社が信頼されたのは、「これですよ」というものを見せることができる「技術」があったからだと言っていたのです。

●**飯塚**　やっぱり見せられるかどうか、というのは大きいですよね。今のプランでいくと、「スペックはこうです」というのと、「これがそれです」というのとでは説得力が違う。

●**出川**　さっき私がこだわった「技術」は一般の用語なのですが、見えなくてもいい。お客さんが欲しがるのは技術じゃなくて「もの」ですね、たぶん。

●**田辺**　「目に見える」ということ？　価値ですね。顧客価値を表わしたものという意味ですね。

●**飯塚**　そこにはサービスも入っている。

●**出川**　ひらがなの「もの」でも、カタカナの「モノ」でもいいのですけれど、「顧客」が欲しいのは「技術」ではなく、「もの」が欲しいのです。そういうふうに置き換えてみると、見えてくるものがあります。「もの」を作る技術は、持っていればいいけれど、なければどこかから持ってくればいい。お客さんに顧客価値を与える「もの」を創ることが大事なのです。作ると創るの違いです。

●**飯塚**　私は実現力だと思います。それは空気でもいいし、通信でもいいし、音波でもいいし、ソフトウエアでもいい。実現力のことを「技術」と呼んでいます。所望するものを実現する力。

それがまた、さっきの「三異」ともつながっていきます。「三異」すなわち「異国」「異分野」「異時定数」というのが、これからの経営の重要なものに変わっていく。この「三異」が重要になっていくのです。

❖——ベンチャーキャピタルについて

●田辺　それでは、ザインエレクトロニクスのように、実現力を持っている会社が成功するために、どういうことをやればいいのでしょうか。

●出川　飯塚さんの会社は、一般的な技術をいろいろ取り揃えているわけではない。すると、価値を生むところだけに特化したかたちの技術だけを選択して取り揃えている?

●飯塚　それは買ってきたりもします。

●出川　しかしそのために集中する資金もいっぱい持っているわけではなく、そこに統合しているというか、そのマネジメントが存在しているといっていいでしょうか。

ここで、お金の話をすると、日本のベンチャーキャピタルというと銀行体質が強いことになっているわけですけれども、銀行は役に立ちますか?　どのくらい役に立ちましたか?

●飯塚　役立ちましたね。独立すると本当にたったひとりになってしまうわけでして。東芝時代には、法務から給与からそれこそ警察関係の担当もいますから、電話一本で用が足りてしまう、それが本当にひとりになっちゃうわけです。そのとき、お金を出してくれるパートナーには、この法律はどうしたらいいかとか、こういうのはどうしたらいいかとか、いろいろな法務、いろいろな雑用も、そういうことまで相談しました。

●出川　うまく銀行を活用された、と。

●飯塚　銀行はじめ金融機関にはお世話になりましたが、特にジャフコです。

●出川　いわゆるベンチャーキャピタルですね。ジャフコはタイミングよく投資してくれたわけですね。

●田辺　多額な資金を集められたのですか。

●飯塚　お金はそんなに。それよりも知恵をいただきました。

　ジャフコはボランティアではなく、ただ働きはできないわけです。そうすると彼らにインセンティブをあげなきゃいけないじゃないですか。そうしたら投資させなきゃいけない。投資させてあげていたのですよ（笑）。

●出川　ベンチャー自らが力を持って、そういう使い方をしないといけない。キャピタルや銀行にお金をちょうだいというようにやると、だめですね（笑）。

●飯塚　ついでに偉そうな言い方を更に追加すると、客には売りに行っちゃいけない。こちらに来てくれた客から相手しなさいと。

●出川　それだけお客にとって価値あることをやっているということですね。こちらから頼みに行ったら、足元を見られる。頼みに来た人は、ほとんど買ってくれるし、リーズナブルな値段を出してくる。値切らない。まさに理想のビジネスに近いですね。

●飯塚　プレゼントまで持ってきてくれますよ（笑）。

●出川　問題は、それだけ価値があるものを飯塚さんがどうやって見つけたか、見つけるかですね。それは田辺さんのモットーである「他人実現」じゃないけれど、お客さんが喜ぶことをやればいい。

●飯塚　なかなかそうはいかないですけれどもね。

●出川　ニーズをうまく見つけて、統合力とその実現力で提供する。いってみれば、まさに価値創造企業ですね。

●田辺　他人の喜びを実現する企業。

●出川　顧客がいるということは、ニーズがあるということですか。ニーズがあるから、顧客がいる？

●田辺　顧客は創られるのです。

●出川　顧客を創るためにどうしたらいいのでしょう。

●飯塚　我々の場合はラッキーだったですね。

●出川　ラッキーをうまくつかまえる（笑）。いろいろなことをやって、価値があるものを試行錯誤的に展開したということですか？

❖――コンサルから「増幅器」へ

●飯塚　運がよかったのですよ。創業当時は、みんなが「半導体」を夢の産業だと思っていたのです。川崎製鉄も新日鉄もみんな始めていましたでしょ。そうするとコンサルしてほしいわけですよ。大手に直接行ったって、競争相手に教えてくれるわけがない。そこで、先行していた企業を飛び出したやつは、絶好のコンサルタントだった。

●出川　でも、飯塚さんのすごいのは、技術のコンサルで終わらず、自分でオリジナルを作られた。

●飯塚　そこは気づきますよ、コンサルの怖さに。この事業形態は何カ月続くかなと思いました。若者が今「コンサルになる」ってよく言うでしょ。大変な仕事であることがわかっていない。だってすぐ陳腐化する可能性を持っているでしょ。だから常に変化しないといけない。これは大変なことです。いずれにしても事業は大変なんですが（笑）。

その最たる例がサムソンですよ。サムソンはエンジニアを送りこんできて、彼らはよく私を取り囲んで、細かなことまで「飯塚さん、なぜここはこうするんですか」と質問するわけです。彼らは「来年は発注しないように」って指示されているのではないかと思うほどに、貪欲に技術を吸収しようとする。凄い好奇心、エネルギーだと思いますよ。

そうしているなかで、僕はどこかで「増幅器」が欲しいと思いました。増幅器の一つは量産なのですよ。

●**出川**　要するに、回数を重ねるか増幅するかですね。コンサルでも何でも変化しながらたくさん流れていかないと、世の中に役立たない。

●**田辺**　コンサルは1回ごとのビジネスで大変ですよね。

●**飯塚**　「増幅器」があると、自分が自転車のペダルを漕がない時も工場が稼いでくれる。うまく軌道に乗れば自分は昼寝していてもいいわけです。

●**出川**　まさに増幅していくわけですね。それとファブレスの関係はどのように考えたらいいのでしょうか？

●**飯塚**　お金がないから工場を持たないという発想は、日本によく見られる、ＩＤＭ（垂直統合型の半導体メーカー）が中心という発想でしかない。例えばアップルは金がないから、ｉＰｈｏｎｅを製造するための工場を持たないのではない。彼らは製造委託先に「うちのものしか作るな」

と言えるくらいの費用を前払い出来る資金を持っています。だけど工場なんか買いません。それは、そこに付加価値を生み出す力は、自分達よりも製造委託先のほうがあるし、自分たちにとって工場は魅力的でないと思っているはずです。それと同じ考え方です。

3 成功する起業とは

❖――ハングリー精神ではない起業

●出川　飯塚さんがベンチャーを起こされた際、ある意味の危機感はもちろん持っておられたでしょうが、追い詰められた状態ではない形で起業され、成功された。これをケーススタディとして、どのようにしてそういうことができたかを探っていけたらと思います。

●飯塚　よくハングリー精神がないとベンチャーは起こせないなどといわれます。危機感がないと人が変わらないという要素も否定できないし、大きなパワーなのですけれど、私の場合は、必ずしも危機感でもハングリーでもなく、もちろんそんなに満腹でもなかったのですけれど（笑）、やっぱりもっと大きなものにチャレンジしたいということがありました。もっと大きな夢を見たい、日本の中ではちょっと贅沢と思われるかもしれないけれど、シリコンバレーにいったらめずらしくなく、みんなが追い求めている夢でした。さっきも言いましたが、その現場に行って刺激を受けた。

そういう可能性がたくさんあるので、そういうアクティビティの盛んなところ——当時はシリコンバレーでした——、そういうものに触れるチャンスは重要だと思います。

ハングリーであることが起業の理由ではなかったと思う訳は、私が留学していたシリコンバレーから、ベンチャーを起こそうと思って日本に戻ったのは１９８１年で、それから日本の半導体産業が黄金時代を迎えるのです。戻ったら自分で事業を始めようと思っていたら、大手の半導体事業がおもしろくなって、やめられなくなってしまったのです。

●出川　まさに80年代の日本は「半導体」の最盛期でしたね。

●飯塚　国際的で、有利な立場でコラボレーションできるというのが、非常におもしろくて、シリコンバレーと往復しながらいろいろな国際プロジェクトをやらせてもらいました。それが10年間続きました。

そして日本が絶頂期、バブルの頂上に近づいていくと、ますます気持ちが大きくなっていったのです。もっと自分の能力は高いし、もっと日本人はすごいと。こんなはずではないと。上昇が下降に転ずるなんて、まったく見えなかったですね。「バブルだなどとは思えない好調」というのが、言わばバブルの定義ですよ。日本はこのまま伸びていくと思いました。日本を1回売るとアメリカは3～4回買える、もうすぐ7回くらい買うことができるだろう、もっと経てば10回くらい買えちゃうかもしれない、という不思議な感覚にとらわれた時代なのです。後になってみると、ばかな間違いなのですが、そのまっただ中で起業したのです。だから決してハングリー精神ではなくその逆で、どちらかといえば、誇大妄想狂だったのではないかというくらいの時でした。

❖――日本のエンジニアの解放

●**飯塚**　もうひとつの課題は、日本のエンジニアのおかれた状況はおかしいのではないかと思っていたことです。なんでこんなにキャリアの選択肢がないのだろうか。大学もそうです。偏差値で大学を選ばされて、本当はそこにはそれぞれの大学に異なる特徴があるのに、この偏差値ならこの大学に行ったら恥だなんていう。大学が決まったら、就職先は企業の「大きさと伝統、知名度」で決める。そして、そこでじっと一生いる。その価値観はおかしいと、日本の異常さに気づいたわけです。もう少しキャリアの選択肢があってもよいのではないかと。

国際的に当時のインドや中国とも比較して、「日本のエンジニアの解放」、つまりエンジニアももっと多くの選択肢からキャリアを選んでよいはずだと思いました。そういうふたつぐらいの理由というか課題がありましたね。

イノテックの創業者、吉田稔さんにもアドバイスをもらいました。それは「大義がなければ良い人材は集まらない、金儲けしたいからベンチャーをやるなんて言ったら、人は集まらない」というものでしたね。

●**出川**　現実は集まっても、そのままではすぐいなくなってしまう（笑）。

●**飯塚**　「志（こころざし）・大義にみんながどれだけ共鳴するか」ということをアドバイスされました。そこで、日本のエンジニアのキャリアの選択肢をもっと増やそうということを大事にして、やり始めたのです。

●**出川**　まさに技術者自身のためのベンチャー創業、それが旗印ですね。そのほかに原動力となったようなことはありませんでしたか。

❖――個人的な原動力

●**飯塚**　もう少し個人的なこともいろいろありましたよ。芹沢光治良という小説家の『人間の運命』の一節だったかと思いますが、「自分が桜を見に行こうとすると必ず火事が起きて火消しに呼ばれる」という人生観を私は持っています。何かしなきゃというときに、私の場合はいろいろなことがありました。

東芝の事業部長だったときのことですが、兄の経済的な面倒をみなければならなくなり、兄が相続する立場にあった田舎の土地を活用する事業を、東芝在職中に始めてしまったのです。

●出川　エンジニアで育ったけれど、置かれた環境がいわゆるビジネスを考えざるをえなくさせた？

●飯塚　「ビジネス」というカタカナで語る印象よりも、いろいろありまして、人間というのは不条理だと（笑）。「なぜ俺だけがこんなことを」みたいな不条理感と闘ったときでもありました。それが後になって「福音」になった、「十字架は福音なのだ」という思いになったりもしました。

●出川　目標に向かって、いろいろな人を使って、実際に動いた。それはある意味でマネジメントの成功体験といってもいいですか？

●飯塚　成功か不成功かという感覚からはまた遠い世界で、「ねばならない」の世界なのですよ。たとえばある大学の若い優秀な助教の例ですが、彼は最愛の奥さんが重い病気になり、介護をしなければならなくなった。介護保険とは、個人の介護負担を社会で支えようという考えがあるのでしょうが、実際はそうはなっていない。彼は大学を退職して介護に専念する道を選んだ。彼は社会にとって大きな財産とも言える能力を持っていたとしてもそれを社会還元する機会を失った。日本が豊かだというのはまだまだ幻想で、ファミリーの課題はやっぱりファミリーで支えざるをえない。介護保険などもまだまだ支える力がないんですね。「花見」に行こうとしても、火が出れば「火消し」は個人がやらざるを得ない。

幸か不幸かいずれにしても、家族の問題で始めた事業が原動力になったのは確かです。町長さんとか国会議員さんとかいろいろな方々のお力を借りたり、土建屋の社長さんと闘ったりして、その事業を始めたのです。するとバブルの時代ですから、始めて1年後に売上が1億円超えちゃったのですね、東芝の業務の合間にやっていたことが。これは「十字架」だと思っていたものが今になってみると「福音」だったのかもしれません。この事業がザインを起業する契機として無視できないことです。

❖——想定外のできごとをいかに乗りこえるか

●**飯塚**　ところが、91年3月に東芝を飛び出してみたら、ハンググライダーで飛び出したみたいに、いきなり下には地上がない、「あれっ地面がない」という感じ（笑）。つまり、この起業の年から猛烈な勢いで日本経済が長期の不調に突入して行ったのです。

●出川　その表現はわかりやすいです。サラリーマン技術屋で起業したい、独立したいという人から相談を受けると、私もよく言います。まず、起業することを思うと、屋根が開いて天井が開ける、太陽が見えるわけです。そこで、本気で起業することを決めると、今度は時々雨が降ってくる。そうすると、傘をささなきゃいけないと思って準備するわけです。じゃあ本当に起業したら何が起こるかというと、床が抜ける（笑）。そういう言い方をするのですけれど、まさにそういう感じですね。

●飯塚　想定外のことが起こる。

●田辺　その中でももがきながら、いろいろなチャンスもある。

●飯塚　だから、臨機応変というか、「朝令暮改」とか「出会い系のビジネス」と言っているのです（笑）。ビジネスプランには、あまり意味ないよって。

●田辺　とりあえずは目標を立ててやるのだけれど、やり始めると全然違った世界がある。

●飯塚　見えない時に立てた計画には、価値がない。

●田辺　そこでいろいろな出会いもある。

●出川　究極をいうと、ビジネスは出会いのかたまりですが、もちろん、ある程度のビジネスプランというか機軸のようなものがないと、フラフラしてしまいますよね。

●田辺　ただ、ベンチャーって、私の知り合いがそうですが、当初のプランと違った方向でいくことが多いですね。何かをやりはじめると、そこから次の展開が出てくる。

●飯塚　そういうことばっかりでしたね。さきほど創業の翌年の92年にサムソンと合弁会社をスタートさせていただいた話をしましたが、そのときもそうでした。

当時のサムソンの研究所の所長から、一緒に仕事をやろうというオファーをもらったのです。そのときに誰とも相談できないので、お世話になっている公認会計士さんとふたりで話し合いました。どういうことが起こるだろうかと。その通りにはならないかもしれないけれども、可能性を探るシミュレーションをやった。そして悩んだ末それを受け入れたことがひとつのターニングポイントになったわけです。

あとから聞くと、彼らも悩んでいて「行くか行くまいか、ぎりぎりだったのです」と言っていました。日本のこういうエンジニアとどういうコラボレーションをもつか、彼らも悩んだわけで、紙一重だったのです。やめようかという話もあったけれど、やろうということになった。私のほうも悩んでいましたし、進むからには将来の選択肢が大きくなるようにいろいろお願いをしました。

その時の彼らのオフィスは神田のガード側の小さなビル、質素なビルでした。それが六本木のあの立派なビルになったのです。92年から十数年で、ああいう立派なビルを作っちゃうわけで、その成長は目を見張るものがあります。

❖――資本や金では支配できないチーム

●飯塚　そのときの資本政策ですが、彼らは「資本金は３０００万円でやりましょう、われわれが51％持つから、そちらは49％持ってくれ」という提案をいただきました。しかし、いろいろ考えたのですが、私の答えは５％でした。ここで30％とか40％を頂戴しても、なんの意味もない。５％でいいのです。この５％というのは、いつでも捨てられるからです。その代わり、サムソンの名前は入れずに、私が先に創業した株式会社ザインマイクロシステム研究所のザインを採って「ザインエレクトロニクス株式会社」という名前にしてもらうことにしました。

　これで何を求めたかというと、企業というのは、資本が人を支配することができるはずなのだけど、資本では必ずしも支配できないものを作ってみたいと思った。サムソンは金がうなっているのですから、いくらでも出せる。だから資本ではない何かで団結できるものでチームを作ろうと思ったのです。運命を共にできるようなチームを支配するものは、金じゃない、そう、働き方の哲学だと、思ったわけです。

●出川　大変興味深いお話です。いざとなってぶつかったら逃げればいいと。

●飯塚　しかし、実はそういうときに日本人は逃げません。ほとんどが安定したところに残ります。だから、そういう資本ではなくて、この人の働き方を一緒に共有していこうというものを作ろうと思った。作れなかったら、勝てない、生き延びられないわけです。

●出川　いったいその発想はどこで生まれたのですか。

●飯塚　そのときに思いついたのだと思いますよ。しかし実際はよくわかりません。子どもの頃の殴り合いに起源があるかもしれませんし、ガキ大将をしてたときかもしれません。誰から教わったことでもない。しかし、人を動かすのは資本ではない、お金ではない、哲学だと、明確にあのとき思いついたわけです。

それで思い切り借金です。サムソンの資本ならば、なんでもやれる。

日本では創業したてのベンチャーはオフィスすら借りられないのです。日本ではオフィス一つ借りるくらいのことが本当に大変なんです。それが「サムソンの資本が95%」と言うと、「是非きてください」となる。有難かったですね。

東京のオフィスに選んだのは、小伝馬町にある、著名な不動産会社が経営する貸しビルでした。ここに入るときにもびっくり。今でも忘れられないのですが、今や出世をされて日本の社長をやっておられる尹（ユン）氏が、私の脇にパートナーとして座っていて、不動産会社の担当と交渉してくれました。値切り交渉もびっくりで、非常に低額、半額に近いくらい。で、本当にその額になっちゃったのですよ。サムソンというポジションで値段の交渉をするとこうなるのです。心強いなと。そしてさらに思いました、「この次は俺もやられるな」と（笑）。今度は「交渉」されるな、と。

私はお世話になった企業からいろいろ教わりました。まずは東芝に、ヒューレットパッカードというシリコンバレーのベンチャーの優等生に、そしてサムソンに。特にサムソンは短期間に、キャッチアップのフェーズから世界制覇を成し遂げる過程を傍らで観て、学ぶことができました。１９９５年頃には日本からはもう学ぶことがないという認識が生まれたようです。私も残念ながらそれに共感するものがありました。日本の経営や働き方にしたたかさがないと感じました。

●出川　それを見て、自分達もそれに対して防御というか、それにさらに乗り越えていかないといけないと思われた？　まさにベンチャー起業の学びの場ですね。

●飯塚　実践でいろいろ教わりましたね。

Ⅱ　強い人材をつくる方法

1　ザインエレクトロニクスの幸福論

❖――どのように評価しているのか

●**出川**　今までの飯塚さんのお話を聞いていると、ザインエレクトロニクスさんの人材評価は、日本の企業がこれまでやってきた方法をもってくるわけにいかないでしょうね。どのようにされているのでしょう。また、その中で役に立つ人を育成する、あるいは発掘する、これと評価とのつながりは？

●**飯塚**　システムと呼べるほどしっかりしたものがあるわけではありません。できるだけ成果に連動した給与システムにするために、月俸は安定させ、個人や企業の成果にリンクした賞与配分を高めにし、年に夏冬2回の賞与と1回の月俸の評価をします。マネジャー以上の全員でワイワイやります。また、お金による報酬も大切ですが、優秀な人にはより多くの仕事が回ってくる、挑戦するものが増えるということも大切なようです。

●**出川**　仕事の領域が増えるのは、やる気がある人にとっては勲章というか、いい制度ですね。

多くの企業で悩んでいる問題だと思うので、もう少し伺いたいのですが（笑）、一般の企業には年功給とか職能職務給とかいろいろあるのですが、そういう制度はあるのですか。

●**飯塚**　日本という環境で新卒を取っている以上は、たとえばどんなに優秀であっても新卒にベテラン並みの非常に高い給与を最初からなかなか出せるものではありません。そうすると、キャリアとともに上がっていくという仕組みはあるけれども、あるところ以上はかなり実績・能力によって変えていくということをやっています。

●**出川**　そうすると、たとえば35歳とか40歳くらいまでは、ある程度個人の成長の様子を見ながらそれにボーナスで色を付けながら評価する。しかしあるところからは、完全に実力主義という形を取られているのですね。いわゆる成果主義というか、これだけ成果を出したからどうかという年度評価はありますか。

●**飯塚**　賞与は個人とチームの両面で評価しています。チームについては、ガンマγという指数を導入していて、チームごとにガンマの値を、粗利にどれだけ貢献したか、経費や潜在的な損失をどれだけ抑制したかということを評価して算出しています。ガンマ値は高いほどいいわけです、健康診断で測定されるγ‐GTPは低いほうがいいけれど（笑）。

●**出川**　短期で成果が出るプロジェクトと長期で出るプロジェクトとがありますよね。どのように評価するのでしょうか？

●飯塚　大変むずかしく、因果関係を必ずしもすべて明確にはできないですけれど、基本的には半期の間に、コストと粗利をベースに決める。各チーム内の個人評価で同じ点数がついても、それぞれのチームのガンマ値で点数が変わることになります。そうした過程で遠い過去の、あるいは近い過去の開発による成果、そして将来への期待も入れる。大変難しい。賞与は旅費交通費の精算ではないという認識が重要です。複雑な成果を通貨という一次元の量に落とすのですから、定量的に正しいかどうかは永遠に議論してもわからないほどの課題です。そして、みんなの納得感が特に重要で、なぜ今回の賞与がこうなったのか、時間をかけて全員に説明をします。

●出川　普通の管理系の事務方は均一化するほうが楽ですからね。個別が見えないと、成果や能力に落差があっても、不平等な均一ということになるわけです。それで個別が見えても部署だけの個別ですから、今度はよけいそこで不平等が増幅する可能性があるわけです。これが私が気がついた大きな企業の問題点です。

●飯塚　そこもなかなかむずかしいですね。

●出川　工場経営ならば、効率を追求しているのだから、ある程度横並びで見えるのですけれども、開発系におけるイノベーション的な不連続というか確率的な話をすると、もうそれだけで無理が生じている。

●**飯塚**　そういう領域の数値化は、みんな「円」という一次元に落とすわけですから、なかなかむずかしいのですけれど、それをやらざるをえない。

●**出川**　一応ガイドラインを出してそれに基づいているけれど、最後はやっぱり人を見て調整するといううか、ある程度「見える化」ということで進捗度を見てやると。

●**飯塚**　先ほど述べましたように個人とチームの評価を掛けていくやり方をしています。全体の原資は、その半期の粗利に比例した賞与原資にちゃんとリンクさせていく。ある係数を使って激変を緩和しますけれども、基本的には利益とリンクさせている。巨大な利益が出たときに巨大な賞与となるが、苦しいときにはそうはいかないというアカウンタビリティをきっちりやっている。

企業も国家もフェアネスが大切ですね。我々の企業は、国営の巨大企業のように税金が注入されて救済されるようなことは絶対にありませんから、企業の業績や成長を支える人材をしっかり評価して、フェアで適正な格差をつけることが非常に重要です。

●**出川**　そういうシステムを持たれたのは、どのくらいの規模になられてからですか。

●**飯塚**　そうですね。50人を超えたあたりから始まっていますね。

●**出川**　その前の小さな規模のときはいらないといえますか？

●飯塚　どうでしょう。それなりに必要ではないでしょうか。少人数でも大人数でも公平感や納得感が絶対不可欠ではないでしょうか。フェアネスは我々がもっとも大切だと思う概念です。

●出川　全体に納得感があるかないか、ない人は評価されていないと言って、いなくなるだけですから。10人20人のアメリカのベンチャーの会社もそうですね。

そのへんの評価に関連して、不満とか出入りというのは？

●飯塚　それで出入りということでは、ないでしょうね。他の理由では出入りはありますけれども。

●出川　仕事が合わないから？　自由度と期待が大きすぎる？

●飯塚　そういうことが多いでしょうか。苦しくなっちゃう人が多いですね。

❖――採用の方針

●出川　今度は採用する・されるときですが、新卒とキャリアの採用、そのへんの方針は？

●飯塚　基本的にどちらも同じです。まず「くれない人（他者がやってくれないことばかりを不満に思う人）、指示待ち人、不満人」は苦しいと言います。うちはバラ色の場所ではない。「自分が取りに行く人」でないと、うちでは不幸になる。「自分で取りに行きたがる人」は、ハッピーになる可能性が高い。そういうことを明確に言うようにしています。新卒にもキャリアに対しても。

●出川　ということは、面接には時間をかけていらっしゃる？

●飯塚　3段階くらいで、早く決めます。

●出川　いま何人くらいずつ採用していますか。

●飯塚　ばらつきがあります。新卒が15人くらいで、キャリアが同じくらいかちょっと多いぐらいでしょうか。

●出川　ばらつきがあるというのは？　景気というよりも、来る人の量とか質ですか？

●飯塚　応募者の数と質は景気にもよるし、われわれのエクスポージャというか知名度もありますが、良い人と出会えれば来ていただく、出会えなければ採用はしないほうがよい。

●出川　倍率は高いのですか。またどうやって絞るのですか。

●飯塚　倍率は高いですね。学生の見学会には毎回70名とか１００名が来ています。毎週やっていて、悲鳴をあげていますよ。甘そうな人には「うちの会社は厳しいよ」ということを言います。インターンシップをやった人を優先します。インターンシップは、企業規模のわりにはかなり大勢引き受けています。インターンシップだとお互いにごまかしが利かないので良いですね。お互いに間違った選択は不幸ですから。最近は学校もインターンシップを大事にして、長期化し、長いところでは半年位やります。

●出川　それでは双方にとってごまかしが利かないですね（笑）。

●飯塚　学部の学生のときにインターンシップをやって、ドクターを取ってから入社したというものもいますし、それはうれしいですね。

❖自立型人材を育てるには

●出川　これから人材は、自立型というか提案型というか、信頼関係ができるというか、そういう人が必要でしょう。しかし、そういう人だけでも会社は成り立たないわけですから、そのへんは自動的に分かれていくのでしょうか。それともサポート型と自立型を意図的にセレクトしていくのでしょうか。

●飯塚　自立型ばかりを取れるわけでもないですし、やっぱりばらつきがありますよ。

●田辺　最初から自立しているというよりも、やっている中で変わっていく人もいますか。

●飯塚　その成長ぶりに、あれこんなやつだったっけ、というのはいくらでもいますね。

●出川　自立型を育てるシステムというのはありますか？

●飯塚　任せる以外ないでしょうね。仕事をどんどん任せて、任せすぎるとつぶれちゃうから、手かげんの注意が必要ですけれど、現場でいろいろ任せることが一番。

●田辺　本人も自分で挑戦して成功体験ができるので、任すことは重要ですね。

●出川　伸びる人は伸びるし、伸びない人は伸びない。こういうパターンですよね。

人材の流動性という話はどうでしょうか。採るのは採るんだけれど、出て行く人がいないと人材は流動しない。そのへんは何か特に考えていますか。

●飯塚　われわれは来てもらうことばかり考えていますけれど（笑）。

●出川　出て行った人が戻ってくるというのは？　いわゆるUターン、外の風を感じて戻ってくる。

●飯塚　あります。そういう例もありましたね。ウエルカムではないですけれど、禁止はしていないです。ただ、出て行くことを促進してはいません。

●出川　こういうことができるから、戻してくれというわけですね。

●飯塚　やっぱり楽しかったから、と。

●出川　創造型企業というのは一般的に、リーダーシップの形が単純に「俺がこれをやるからついて来い」だけというのではなく、社員を盛り上げていかにやりがいを持って働いてもらうか、ということにあると言いますが、まさにそういう感じですね。

❖——「フローの状態」を実現する

●**飯塚**　創業の精神として標榜している「人資豊燃」というのは、心理学的にいうと「フローの状態」を作るということになります。

フローの状態というのは簡単に言えば「忘我の境地」ですね。時間がゆがんで、時の流れを忘れて、最もその人の力が伸びている状態。しかも心理学でわかったことはこの状態で疲れるのではなく、むしろ癒されているということです。そういう状態をどうやったら作れるかというと、その仕事がいかに重要か、心の底からの実感があることなのです。それとその成功と失敗が明確になっていて、成功には価値があるという実感があり、失敗することに対してある種の危機感があること。そういういくつかの条件を満たすことでその状態になる。

たとえば、外科医師がオペのとき、まさにフローの状態になっている場合が多いと思うのです。私も登場させていただいた「プロフェッショナル」というＮＨＫの番組がありますが、これに脳外科医の先生が何回か出ていました。「神の手」と言われるような名医です。それを見ていると、ご高齢の先生が10時間を超すような長時間のオペに耐えている。平気なんですよ、終わった後も鼻歌を歌ったりして。あれはまさにフローの状態で、ご自身が癒されているのです。

どうしてフローの状態になったかというと、そのオペの重要さです。その作業には命が懸かっている。成功したら、隣の部屋で待っている家族が泣いて喜んでくれるわけです。しかし、失敗したら、冷ややかな目で見られ、場合によると訴訟問題すら発生する。真剣です。作業を進めながら成功と失敗が時々刻々とベテランの先生にはわかるわけです。そういう状況がフローの状態を作る。

私が「ラジオ少年」としてハンダ付けに没頭していた際の原点が、レベルは別にして、まさにこの状態に共通していたと思います。

●出川　私が技術者の皆さんに対して「理科少年時代を想い出せ」という話で提案しているのは、そういう状態を仕事で再現したいということなのです。

●飯塚　「フローの状態」「人資豊燃」ということは、そういうふうにつながっていますね。それを実現するためには、このプロジェクトは、やらされて嫌々やるのではない。社員には、なぜやらなければいけないか、自分でそのプロジェクトの意味を知り、プロジェクトを定義していく過程が必要なのです。

●出川　プロジェクトがうまくいくコツは、内容が「自分がやりたいことになっている」ことです。モチベーションやインセンティブを与えるということは、もちろんありますが。

●飯塚　「やりたい」というのは大事です。さらには「やらなきゃいけない、やることに価値がある」ということです。「価値がある」というのは、この企業にとってとか、おれの人生にとってか、何でもいいのですけれど、身近なものにとって「べきである」という強い認識があると、フローの状態になりやすい。

●出川　「理科少年時代」の話にちょっと戻ると、たとえば模型を作って遊んでいるとあっという間に時間が経って、母親が「ご飯ですよ」と言っても聞こえない、あっという間に時間が経つ。それは別に価値を生むわけじゃなくて、おもしろいからやっているのですね。

●飯塚　それでいいのです。遠くにある「社会のため、なんとかのため」という作業は、ちょっと弱い。偽善がある。そんなことで社員を引っ張っちゃいけません。社会貢献などというものは結果であって、まず自分が燃えなさい。燃えるプロジェクトをやろう、ということです。燃えれば、原爆が発明されたりして、社会に非常なマイナスを生み出すかもしれないけれど、ほとんどの場合は、社会貢献する可能性を持っている。社会貢献というのはあくまで結果、あとからついてくるものです。

●出川　あえて聞きますけれど、よくいわれる「オタク」状態はどうでしょう。燃えているかもしれないのですが、企業の中では……。

●飯塚　企業の中でやっている以上、おのずと評価されるかされないかという世界があります。やはり、この仕事は「やりたいからやっている」という論理は継続性を損なうことが少なくない。「やるべきである」という認識が必要です。

●出川　そこははっきり区分けされるということですね。ただ、心はまさにフロー状態。それが職場の中、職業の中で重なって出てくるのは、素晴らしいことですね。

❖幸福論を追究するベンチャー

●飯塚　これは突き詰めていくと、幸福論なのです。人はリウォードとして賞与といったお金のことを求めるかもしれないけれど、人間はリッチになれば、更なるリッチを求めるのです。権力もそうなのです。より強力なものを求めていく。ところが、この「忘我の境地」というのは、それとちょっと違う。ものすごい幸福感が持続するのです。

●出川　おまけに自動的に心が癒される。

●飯塚　そう、人間はみなそういうものを持っているはずです。そうした機会がないというのは、かなしいことですね。

●出川　私は、起業家精神に必要なのはハングリー精神ではなく、そっちの「幸福感」かなと思います。

●飯塚　まさにそうですね。起業とか、ベンチャーというものが、ハングリー精神のみに依存しているような国はまだ途上国です。国が豊かになっているのに、ベンチャーが発生しないのだったらそれも劣等国です。皆が安定した地位としての職場のみを求める国は必ずいずれ競争力を失う。もっと高いものがあるのです。腹が減っているからやるのが本当のベンチャーじゃない。それは拝金主義になりやすい。最も素晴らしい働き方を提供するのが、ベンチャーなのだということをわかってもらいたい。

●田辺　さっき言われたお医者さんの例の重要性ですね。たんに自分のこのプロジェクトに価値があるとか、一般的に社会貢献であるということではなく、自分の手術で助けなければならない人がいるということを認識して、それを実現する、それがお医者さんの価値だと思うのです。まさに価値あるプロジェクトということですね。それを実現する。

●飯塚　価値があるということです。オタクは、可能性を持っていても十分条件ではない。

❖――仕事で夢中になるということ

●**出川**　ベンチャーというのは、ある種の究極の場だと思うんです。私が社内ベンチャーや社外ベンチャーをやっていたとき、皆が本当におもしろいと感じているときには、みんな徹夜しているのです。誰に言われたわけでもないのに、みんなごろごろ寝ていて、起きたら仕事している。これができる雰囲気を持つ経験をすると、そのプロジェクトは成功なのです。そこまでいかないとプロジェクトはうまくいかない。

●**飯塚**　労働基準法のあり方も、そういうところからも議論しないといけないのですよ。

●**田辺**　そうです。ベンチャーの社員はみな経営者なのだというふうに定義するとか。

●**出川**　飯塚さんも私も、大企業の研究所にいたときには、たぶんそういう時代があった。火を燃やしても何をしても、研究所だけはいいというような（笑）。今、日本のほとんどの大企業は夕方6時まで、それからはひとりで作業してはいけない、火をつかったり危ないことをしてはいけない。パソコンも持って帰っちゃいけない。これでは新しいことはできっこないですよね。

●**飯塚**　大手企業が気の毒なのは、労働基準法を無視できないことです。ベンチャーは比較的大目に見られますけれど。

●田辺　上場してしまうと大変です、規則がうるさい。そうするとまた新しい会社を作るしかない。

●飯塚　ただ、そういっても裁量制度もありますし、管理職もありますし、労働基準局のみなさんも、そんなに杓子定規というわけじゃないでしょう。

●出川　官庁が杓子定規じゃなくて、会社の中の管理系の人たちが、自分のリスク管理として杓子定規のふりをするという。自己規制して、仕事をしているふりをするというのが、今の問題ですね。

●田辺　そういう状態に若い人を巻き込むとどうなるでしょう。どうやって経験させればいいのでしょうか。

●飯塚　同じものに価値を感じるかどうか。

●田辺　プロジェクトを設定して、一緒にやればいいでしょうか？

●出川　お客さんが見えて、みんながやることの分担がうまくいって、ひとつの目標が見え、みんなが責任を持ってやれると、プロジェクトは成功する。

●田辺　価値とか目標を明確に決めて、一丸となって……。

●出川　一丸というのは、誰かにやれと言われてやるのではなくて、実質的に先が見えている状態です。

●田辺　価値・重要性について、みずから定義できているということですね。

●飯塚　みずから能動的に動く状態にある。

●出川　それがベンチャーの本質なのでしょうけれど、それを阻害する仕組みを大企業とかはいろいろつくっているわけですね。

●飯塚　そこに関しては、明らかにベンチャーのほうが有利ですね。大企業のほうが不利といえば不利。

❖――「フロー状態」の作り方

●出川　ただ「忘我の境地」あるいは「フロー状態」をいかに作るかということを考えると、これは本当はどこでもできるはずですよね。別に大企業だからできないという問題ではない。

●飯塚　この歳になって、原稿を書いているときにその状態になりますね。パワーポイントなんかで作っていて。会議に出そこなったりして、迷惑かけたことがありました（笑）。

●出川　私もしょっちゅうです（笑）。コンサルの資料なんかをやっていると、本当におもしろい対象があるわけですよ。そうするとあっという間です。まさにパワーポイントを作る仕事で、これを作っていると、おもしろくてあっという間に朝になっちゃったとか。

●飯塚　えもいわれぬ時間の経過感覚。

●出川　それと、その時間は疲れない。

●飯塚　癒される。

●田辺　その「フロー」というのは、いつごろから経験されたのですか。

●飯塚　それは、そんなに最近じゃなく、小さい頃の「忘我の境地」が始まりなのです。

●田辺　ラジオ少年？

●飯塚　小学校4年生。そのころ、5球スーパー（5本の真空管を用いたスーパーヘテロダインという変調方式のラジオ）を組んでいたのです。食事が終わったあとに、5球スーパーを組み始めて気がついたら夜が白んでいた。あの快感が忘れられなくて。

●出川　何がおもしろかったのでしょうか。あえて聞きます。

●飯塚　プラモデルに近いのだろうと思います。

●出川　ただ組み立てたら終わりじゃなくて、たぶん工夫するところはたくさんある、工夫がおもしろいんじゃないですか。

●飯塚　そうかもしれないですけれど、ものを作るって、回路図があってそれに従って作っていたにすぎないですね、その当時は。

●出川　ただ、それだけならそんなに時間はかからないですよね（笑）。

●飯塚　でも意外に壁もあります。平滑回路のケミカルコンデンサのプラスとマイナスを間違ったんですよ。ブーンというから、おかしいなと思って。よく調べてみると、コンデンサが逆に接続されていたりしました。

●出川　たぶん、つなぐことがおもしろいのではなくて、失敗するとなんでかなと考えて、そこを直しながらという試行錯誤のプロセス。たぶんそれが頭の中を活性化している。

●飯塚　成功と失敗の分岐点を通ってこないと、それはダメでしょう。失敗した場合の怖さがあり、成功したときのうれしさがある。

●出川　私の子どもときの話ですが、砂遊びが好きで、一度砂場に入ると砂場から二度と出てこないと思われていたようです（笑）。でも、やっとできたものについてはあまり興味がないのですよ。悪ガキが来てそれが壊されると普通は怒るのですが、私はかまわないと。これが不思議がられたのです。作るプロセスをすごく楽しんじゃう。忘我の境地ですね。

●飯塚　その話で、チベットの修行僧の話を思い出しました。彼らは砂の曼荼羅を、徹夜で一週間もかけて描くんですって。そして、完成したら、さあっと壊すのだそうです。

●出川　その話、心境や精神は違ってもすごくよくわかります。

●飯塚　私はそれを田坂広志氏の「風の便り」というネット配信で読んで、鳥肌がたった。すごいと。一週間徹夜したんですよ。いろいろな色の砂を混ぜて。きれいに完成した。それを一瞬で壊してしまう。人生には丹精を込めて作り上げるものがあって、それがあるとき一瞬にして破壊される悲運に出会うことがある。戦争や災害で破壊された「焼け野原」に立って、あの努力は何だったのだと呆然と佇む。愛を込めて一生懸命関わり育てた者に裏切られる。唖然として立ちすくむ。しかし、それを修行僧は敢えて自分で体験する。どう理解したらよいのかを擬似的に学ぶのではない。人の努力とは、営みとは何かと。

●出川　人間はいろいろあるのですね。普通は、できたのを壊されたらみんな怒るわけです。でも、そうではない人間もいて、作ること自体を楽しんで満足する人間もいるのでしょうね、たぶん。

●飯塚　今の教育が、子どものときに持っている本性をどこかで阻害していないといいのだがと思います。

●出川　コンピュータ系のゲームだと、ルールにはずれたり時間が切れたら終わり、直せない。例外もあるでしょうが、融通性みたいなものは、どんどんなくなっている。そうすると、そういうおもしろみを得る機会はどんどん減っているのではないかと思います。

●飯塚　私もそう思いますね。みんなブラックボックス化している。

❖——セレンディピティ

●出川　ところでベンチャーの経営というのは、「フロー」を起こす可能性のある部下、あるいはメンバーをいかにたくさん作るかということにならないでしょうか。私の経験したプロジェクトで成功したものは、まさにそうでした。程度問題はあるにせよ、みんな勝手に「フロー状態」になっている。

●飯塚　われわれはそれを「人資豊燃」と呼んでいます。これは「フロー」のことでもありますが、私にとっては「フロー」というのは後からきた言葉で、「人資豊燃」が先です。創業のときに、猛烈に景気が膨らんで、突っ走って、真っ白になってしまうくらいの経験をしたわけです。そこから出てきた言葉です。

　それと創業のときからのキーワードは、「臨機応変」とか「セレンディピティ（serendipity）」ですね。「１Ｒ２Ｅ３Ｓ」という言い方もしています。１Ｒというのはひとりのリソースがあったら、ふたつのエグゼキューション、つまり複数のプロジェクトを並列に実行する。３つめのＳ

はスタディのSでしたが、最近はスピードとかセレンディピティという思いもありますね。一人の人間がこれらを同時に追いかけることで、効率を上げるという意味よりも、理解し難いかもしれませんが、心が休まる、安心して仕事が出来るという意味です。なにより、良い発想は実行の隣にあるという意味がある。

●出川　「セレンディピティ」の話をもうちょっとお願いできないでしょうか。イノベーションとセレンディピティは相性がよいといわれますね。もちろんこれはいろいろなとらえ方があるでしょうが、飯塚さんの解説をぜひお聞きしたいところです。

●飯塚　セレンディピティというのは非常に重要で、それがないと創業とかベンチャーはむずかしい。ほとんどの場合、仕事は思った通りに、計画通りにいくものではない。変わってくる環境、いろいろなチャンスとの出会い、そういう出会いをどういうふうに処理するかというのが、臨機応変さです。

●出川　対応としての臨機応変さ。

●飯塚　どうしたら何かを幸運なものにしていくことができるか、という予見性が問われますね。たとえば、国はこういう政策を打ちそうだ、だからこういう手を打とう。あるいは、規制緩和はこう動くからこの分野で何が生まれるか、こういう部品のビジネスモデルはこうなる、というような予見です。

●出川　結果としては不確実さをチャンスにする？　その発想はどういうところで培われたと思われますか？

●飯塚　それは修羅場ですよね、危機感いっぱいの闘い。中途半端にだらけていたら見えない。そして実行の隣に良いアイデアが存在する。

●出川　もし不運だと思っていても、本気で受けとめれば、幸運につながる。

●田辺　さっきの「十字架が福音になった」とおっしゃったように。

●出川　飯塚さんがギブアップしなかったのは、これはやっぱり性格でしょうか。ギブアップしちゃう人が多いんですが、ＤＮＡなのでしょうか。

●田辺　責任感があるからでしょう。

●飯塚　人間は本能的に自分に解けない問題では悩まないみたいですね。悩んでいる問題は、どこかで解けるかもしれないと思っているから、悩むのですよ。

●出川　悩んでいるということは、チャンスだということ。人間の悩みって、可能性があるから悩む、ということなのですね。

●田辺　悩んでいるからこそ、それは十分解決の可能性があるということですね。

●出川　お話を伺っていると、悩みがまさに知恵の出しどころでしょうか。

❖――悩みを波長で考える

●飯塚　理系の用語でいえば「波長」です。量子力学的にいって、物事は粒子であり、波であり、波には「波長」があります。

そして人の生き方にもその人なりの「波長」というものがあり、それよりも「波長」が長いものも、短いものも、理解できない。まるで存在していないように感ずる。自分の「波長」と干渉が起こりそうな範囲の「波長」の物事しか見えない。

●田辺　悩むということは、自分の届く範囲内でいろいろな可能性を尽くす、人事を尽くすということですね。

●出川　そうすると、もっと悩みなさいということでもある。すごく元気が出るキーワードですね。

●飯塚　悩んだときには、自分だけ不幸だと思いましたね。不条理だと。自分にだけなんでこういうことがあるのかと。

●出川　言葉をかえると試練ということができます。まさに与えられた試練ですが、それは波長の合う人、与えられる人にしか与えられないわけですね。

●飯塚　受け止める能力といってもいい。新聞の記事もそうですよね。波長が合わないと、書いてあるのに読めないことがある。

●出川　人の言葉でもそうですね。聞いているのに全然受け止められないことがあります。しかし、伝わる人には5倍くらい伝わる。

●飯塚　倍にも10倍にもなります。

●出川　波長がたまたま重なるとそうなります。

❖──共鳴するということ

●飯塚　レゾナンス（Resonance）というやつですよ。

●出川　なるほど、まさに共鳴もキーワードですね。

●飯塚　レゾナンスが起こるのです。そういうときは感動しますね。自分はこれしか言っていないのに、相手は10倍も思ってくれることがありますね。これが共鳴です。

●出川　イノベーションは、共鳴の結果なのかもしれません。

●田辺　本当にそうですよ。

●飯塚　資本や金だけではなく、働き方で共鳴している人でチームを作れば、強いチームになる。

●出川　たぶん、お金で共鳴すると、あっという間にずれてしまうんですね。だから、長くやろうと思ったら、働き方、考え方でチームになる。それが大義ですね。

●飯塚　お金はどこにでもあるからですよ。それで思い出すのは、ずっと採用活動で苦労してきましたが、金で来たやつは金で去る、ということですね。

●出川　まさに波長の流れで考えると、ビジネスやマネジメントもよく理解できる？

●飯塚　金できたやつは、やっぱり哲学とか共鳴感できた人とは違う。

●出川　私らも、いろいろな人と付き合いますが、やっぱり長い付き合いになる人とは波長の長さが合うんですね。お金とか契約とかでやったら、すぐ終わってしまいます。「波」というのは、非常に考えやすい。

2　人を育てるとはどういうことか

❖──継承という課題から

●出川　ここで人材育成や継承といった問題を考えてみたいと思います。私は、無理に「あれをやれ、これをやれ」と言っても人は育たない、やはり適材適所があるだろう、その適材適所を見つけてあげるのが、育成あるいは発掘だろうと考えています。いろいろな考えがあるでしょうから、飯塚さんのお考えをうかがいたいと思います。まずは若い人、これからの人たちをどういうふうに育成・発掘するか。

次は、継承です。飯塚さんの会社の経営や人材、そのへんの継承というものをどのようにお考えか、ふたつに分けてうかがいたいと思います。

●飯塚　継承のほうを先にしましょう。さきほど「創業守成」ということを言いました（I-1）。たしかに創業はむずかしいが、成果を守り文化を守り成長させてゆくのは、よりむずかしいということですが、そういう中で、やっぱり任せることは継承になると思います。

●出川　簡単にいうと任せられる人に、任せるということが継承の早道ということですか。

●飯塚　任せられる人は、結構増えています。早い機会に任せるのは、継承にとって一番効果的だと思います。だから、役員の役割というものを変えていくのがいいかなとも思っています。

●出川　よくある考え方としては、組織を分けていくとか、いろいろな体制を工夫するとかのやり方がありますよね。

●飯塚　組織の変更も頻繁に行なうことも大切にしてますが、大きく組織を変えることの効果にばかり期待できるほどのサイズもないので、どんどん次の世代に任せることがもっと大事だし有効だと思います。ベンチャーがつらいのは、組織の規模が大きくありませんから、継承はなかなかむずかしい課題です。それでも委譲を加速して前に進める、それが大きな課題だと思います。

　半導体や関連技術・サービス企業の国際的工業会である SEMI の創立何周年かの祝賀講演会で、ノーベル化学賞受賞者の野依さんが講演された折に話されたことです。人が自分の人生を充実して生きたといえるには何が必要か。まず自己実現です。しかしこれのみでは人生の半分であると。残りの半分は何か。それは次世代への継承であると。ＤＮＡを生物学的に次世代に引き渡すということのみでなく、その人が生きることを通じて学んだ、あるいは開発した哲学や文化を次の世代に伝える継承であると。

❖——除去せざるをえないこともある

●出川　継承すべき人材をどうやって見つけていらっしゃったのでしょうか、あるいは育ててきたのか、興味深いところです。

●飯塚　それはもう20年もやっていますから、いろいろなところで人と出会い、苦楽を共にしながら、ずっと戦友として引っ張り続けてくれる人達、いろいろな理由で去って行かれる人達、やむを得ずお願いして他の場所に移っていただいたりした人達がいたわけです。企業の成長過程で人材の役割も当然変化しますから、必要な人材も変化します。自分自身も変化がとても必要です。そういうなかで、もはや「ごくろうさんでした」ということも起こりえるし、これがなかなか心を痛めます。

●出川　メンバーの役割分担が時期によって変わりますものね。

●飯塚　家族同然の奴に「ごくろうさん」と言わざるをえない。育成とか発掘にも財源が要るわけです。いいことばかりじゃない、一番つらいのは除去です。

　発掘・育成というと、愛に満ちていて美しくヌクヌクとした感じがするのだけれども、反対の除去もあるわけですね。しかし、除去というと聞こえがわるいけれど、社会は広くて本人にとってもっと大きな可能性が外にあり得るからできることです。

●出川　除去ができる権限がないと、成り立たないですね。私も経験があるのですが、大きな能力があっても、この場では置いておくわけにいかない、ということがある。

●飯塚　大きい組織だとローテーションという選択肢があるわけですが、ベンチャーの場合、組織が小さいので外にアウトプレイスということが必要になる。

●出川　大企業ならどこかに置いておいて、雑用させればいいわけですけれど、ベンチャーはそれをできない。だから逆に人が育つ、というところもありますか？

●飯塚　危機感はあるでしょうね。

●出川　特に育てるというより、ちゃんとやれば人が残るというのが、飯塚さんの主旨のようですね。

●飯塚　アドバンテージという言い方をすると、大企業よりも一人ひとりが見る範囲が非常に広い。大組織だと比較的狭い範囲を分担することになりますが、小さな組織ですとより広い範囲をカバーすることが必要になります。これは広いから大変だという受け取り方をする人と、広い範囲を任されると考える人では充実感も変わりますね。常にそうですが、ハンディキャップは、同時にアドバンテージになりうる。

●出川　時間軸、空間軸といろいろな方面から見るのですね。

●飯塚　そういう環境がいやな人と、そうでない人がいる。それは発掘・育成の段階で選抜、適応、進化、成長が自動的に行なわれるのだと思います。

❖──「一人前」までの時間

●飯塚　自分の力で成長できる人材もいますが、やはり係わり合いが大切です。学生の会社見学会で必ず言うことは、「君らは今就職先を選ぶというとても難しいことにチャレンジしている。なにしろ統計によれば、君達のうち3人に1人は3年以内にやめる。それは本人にとっても企業にとっても辛いし大きな損失です。なぜならこの難しさは新卒一斉採用という日本の制度の弊害でもあります。自分が何者なのかを模索しながら、どの企業がどんな場なのもよくわかりにくい中で、一生に一度の選択を強制されているようなものです。だから、できるだけ明確に弊社の難しさはここだけれど、面白さはここだ」と。長所も話しますが、挑戦が必要な部分を話して、間違った期待は避けられるように工夫しています。「日本の今の文化の中では弊社が最適となるような人は必ずしも多数派ではないと思う」ということも言います。「でも、すごく合う人が少数だけれど必ずいるから、よく弊社を見てくれ」と。単に素敵な場所とは言いません。

●出川　その会社の場を素敵だと思う人が残るわけですね。

●飯塚　またキャリアなのか新卒なのかによっても違います。新卒は、やはり白紙に近い人で、育っていくと、結構責任感を感じるようになる。キャリアの人は、だいたいは大企業からですけれど、そういうところから来た人は、特性がすでに明確になっている。

●出川　新卒とキャリア、あえて比較すると、どっちのほうがお好きですか。

●飯塚　それはどっちとは言えないですね。両方必要です。

●出川　たとえば若い人、白紙の人を育てるのが好き、ということはありますか。

●飯塚　役割分担じゃないでしょうか。最近の学生はドクターですら、自分を引っ張ってくれるリーダー・指導者を求めているような人が増えています。本来ドクターは独り立ちすることを学んできたはずなのだけれど、でもやはり「先輩」を求めています。キャリア組は両方いますけれど、自分のポジションを任せてくれというような人が多いですね。

●出川　たとえば、大企業ですと、5~10年くらい経たないと、プロジェクトはなかなか任せてもらえない。飯塚さんのところだと、2~3年でプロジェクトをまかせるということもあるのですか？

●飯塚　キャリアなら前の企業でのポジショニングがあるでしょう。新卒の場合だと、半導体の世界では10年ということはないですが、2年ではむずかしいですね。ドクターだと早くて、2年か3年。早い人は早いですよ。

●出川 それを大きな企業はうまく使っていない、ということですね?

●飯塚 大企業が使っていないかどうかはわかりませんけれど。

●出川 最近、ある週刊誌のインタビューを受けたんですが、「大企業に入るデメリットを言え」というのです。別にいいとか悪いとかはないんですけれども、大企業の問題点をふたつ挙げました。ひとつは、今日本の状況は大企業だからといって安定していない。部署によってはポッとなくなったりつぶされたりして、リスクは規模にかかわらずあるということ。もうひとつは、大企業の場合、優秀な人が多く中の競争がすごく激しい。プロジェクトを任せられる時間も長いけれど、任せられる人もすごく少ない。任された経験がないと外に出たときに不利になる、ということです。

ひとことでいうと、大企業も昔とは変わってきた。だけど、それを周囲の人というか、旧世代の親が理解していないことが多いようです。ベンチャーなんて危ないと思っている。そのへんの説得というのは?

●飯塚 説得というか、だいぶ状況が変わりました。昔はベンチャー即リスクと考える人が多かったのですけれど、今はどちらにどんなリスクがあるのかを冷静に考えてますね。

●出川　親御さんもだいぶ変わってきている。

●飯塚　親御さんはやや遅れている気がします。特に社会に露出度の低い立場の方々、例えばお母さんとかはまだまだかも。

❖――「指示待ち人」はいらない

●出川　やはり、これからの時代に活躍できるかどうかは、本人の意識あるいは精神のあり方が問題のようですね。

●飯塚　そうです、われわれには「指示待ち人」はいりません、「取りに行きましょう」と言います。ですから、教育も自ら「取りに行ってください」と。で、会社は半分負担します、でも残りは自分で負担してください、ということです。

●出川　全部会社が負担する大企業の社内研修では、半分はいやいや来ています。半分はやる気満々ですが。そこのところは、自主的か、また自己負担があるかないかの違いですね。

●飯塚　ちょっとは負担しないと「ありがたみ」がわからないのです。「据え膳」志向はだめ、必要なのは「取りに行く」という主体性です。

●田辺　大企業では「与えられる」かたちなのです。でも、自分で「取りに行く」というように変えないといけませんね。自分で取りに行ったら、責任があるから、最後までやらざるをえなくなる。また、そのポストでうまくやらなかったら、次はないということができる。
ただ、日本の大企業も役所も、現在のポストは仮のポストなのです。2～3年経ったら変わってしまう。そこが問題です。
●飯塚　2年で変わる。
●田辺　そうなのです。だから日本の大企業や役所では、みんな受身になってしまう。定例の人事でそういうことになるから、みんな「指示待ち」になってしまう。一生懸命やると、「そのポストに向いている」ということになって昇進できなくなることさえある。

3　ベンチャーの条件

●編集部　ここでもう少し、「強いベンチャーの条件」を探ってみたいと思います。これまでのお話と多少重複するかもしれませんが、飯塚さんのベンチャー論をもう少し掘り下げられればと思います。

●飯塚　私としては、東芝の課長時代はおもしろかった。部長は、仕事が大きくなったのはよかったのですが、会議で時間を使われるのがむなしくなった時がありました。

●出川　大企業の一般的な問題は、上級管理職としての部長などになると、書類の整理と会議がやたらめったら増えるということもありますね。

●飯塚　極めつけは「安全衛生委員会」ですよ。上履きの「かかと」をつぶした履き方を許すかどうかとか（笑）。どうでもいい、勘弁してくれ、俺の人生返してくれということになる（笑）。

●出川　それと結論が出ない会議。延々と議論して、何も決まらない。前に飯塚さんと一緒にイノベーションの文科省の会議に出たことがあります。聞いていて、みなさんイノベーションってつらいものだという印象が強かった。それに対して私らは「イノベーションというのは、わくわくと楽しいもののはずです」と言ったのです。それが学者が頭で考えて話すと、いつのまにかイノベーションは「むずかしい、大変だ」という感じになる。イノベーションは大変だということになってしまうと、わくわく経験がない人は、みんな挑戦しなくなっちゃうのです。ベンチャーも同じで、ほとんどうまくいかないとか、悪い話がいっぱい出てくる。そういう話を聞くにつれ、「ベンチャーはもっと楽しくわくわくする」ところだと、そっちを強調してやっていきたいと思っているのです。

●飯塚　そうですね。シリコンバレーのベンチャーって、リスクもあるんだけど、そこそこのリスクじゃないですか。失敗してもせいぜいばかやろう呼ばわりされるくらい。でも日本の場合、借金して失敗したりすると、冗談じゃなくなる。リスクというより、悲壮感。そっちにいってしまうと、「フロー状態」が発生しない。

●出川　田辺先生は大学のイノベーションマネジメント研究科で教えておられますが、いかがでしょう。

●田辺　イノベーションは、基本的に新たな価値を実現することで、困っている人が喜んでくれるわけですから、楽しいことだと思います。

●出川　もちろんそのためには失敗もいっぱいあるのは当たり前ですが……。

●田辺　失敗というのは、プロセスと考えるべきです。失敗というのは、成功のためのプロセスなのです。

●飯塚　分岐をいろいろやりながら修復したりして、やっていくわけです。

●出川　そういう意味では、失敗じゃないのですね。成功のためのワンステップ。本当はベンチャーもそうなのです。最終的にうまくいく会社にならなければいけない。

●田辺　ベンチャーも基本的には楽しい活動ではないでしょうか。自分の思いで世の中に価値を提供するためにやっているわけですからね。ただ、これまでに誰もやっていないことに挑戦するわけですから、大変なことも確かです。

❖——借金しかできない人は、ベンチャーをやるな

●出川　失敗への対策を、飯塚さんはどういうふうに考えておられますか？

●飯塚　リスクをどうやってヘッジするか、ということだと思います。

●出川　それがベンチャー経営者の大きな仕事のひとつと考えてよろしいでしょうか？

●飯塚　それもそうだし、全然レベルが違いますけれども、日常の作業でもたとえばハンダ付けしている場合も、どうやってその作業のリスクを下げるかを考える必要がある、そういう意味です。

●編集部　日本の場合、一回失敗したらほとんど禁治産者になってしまうような可能性を秘めた金融制度ですね。そのへんはどうでしょう。

●飯塚　私は「借金しかできない人は、ベンチャーをやるな」と言っています。借金なんかに頼っているようでは、「自分のお墓」への近道になってしまう。日本の脱サラとか創業の指南書には、「借金したら成功」みたいな書き方をしているものもたくさんあります。けれど、借金は成

功とばかり言えない。リスクマネーを処理できる能力がないならば、やっちゃいけない。

ベンチャーは、みんながやるべき技ではないのです。日本人全員がベンチャーをやっていたら、大変なことになる。やるべき人は、投資家に「しようがない、ひとつこいつに賭けてみよう」と思わせる人です。

銀行の通常のスキームでの貸付金について、基本的には私は反対です。よくいわれますが、「銀行は、雨の日には傘を出さずに、晴れの日に傘を出す」。システム制御理論でいえば、「正帰還（ポジティブフィードバック PF）」ともいうべき機能です。普通に使われるのは負帰還（ネガティブフィードバック NF）で系の動作を安定させる。しかし、正帰還は元気なところをますます元気に、調子の悪いところはますます難しくする働きがあります。ですからその系を不安定にします。〝死の谷〟をどう越えるかがベンチャーの課題で、このフェーズを乗り越えるには単純な正帰還という資金は障害になる。元々リスクとリターンは比例するものですが、リスクの高い試みには、リスクを受け入れながら高いリターンも要求する資金でなければ矛盾が発生し、誰かにそのしわ寄せが行きます。特に経営者に個人担保を伴わせる貸付金は問題が多いです。

●出川　お金の使い方の基本を理解していないと、間違ってくる？

●飯塚　借金の正しい使い道は別にあります。だって銀行の資金というのは、みんなの虎の子をわずか０・何%の低い利子で預かったもので、ちゃんと元本が戻らないと困る。そうすると、ちゃんと元本が戻る金の使い方にしないといけない。

しかし、ベンチャーは元本が戻らない可能性が高い。元本が戻らない世界だから、その代わり当たったら数十倍にもなる。ザインエレクトロニクスの場合は上場して２５００倍にもなったのです。そういう倍率というのは、貸付金でやる対象ではありません。

●出川　失敗は成功への途中という意味では、新規事業の成功の秘訣は「やめなきゃいいだろう」ということになる。今の話に関連していうと、最大の問題は、ベンチャーでもそうですけれど、お金の問題ですが、お金を出し続けてもらうようなマネジメントをすればいいのですね。「将来はいいよ」と言い続け、実績を少しずつ出す。やめてしまうと失敗になってしまうのでステップを続ける。失敗か成功かというのは非常に微妙なところなのですが……。

飯塚さんがおっしゃる「フローの世界」というのは、最終的なイメージがあるから、途中失敗しても苦にならない。ところが、そのイメージがなかったら、たとえばトンネルが崩れたら、それで終わってしまうのです。たぶん、完成したときのイメージが得られるかどうかで決まる。これがイメージできる人はずっと続くし、できない人はたぶん続かないのでしょうね。

❖――粗利からしか研究開発費を出さない

●飯塚　自分の経験を言うと、私の場合はリスクマネーを集めたのは、実は創業よりもかなり後の話です。基本的にお客様から金が入る範囲で仕事をしてきたのです。コンサルの話が出れば、コンサルの範囲でできることを広げていった。少しずつ少しずつ稼いで、８年間もサムソンと大変な事業をやった。リスクマネーで、きれいなビジネスプランを書いてやっていたら、もっと早く大きくなったかもしれないけれど、失敗してそこで終わっていたかもしれない。

●出川　一度に大きくしたら、一回でも失敗するとあとのお金が続かないですからね。

●飯塚　資本金は３０００万円です。３０００万という金額は、半導体を開発したらだいたい３カ月ももたない。設計を終了して、マスク作成に移るテープアウトまでもいかない。だから資本金の３０００万円は使えないのです。そのときから始まっているのですよ、粗利からしか、研究開発すべきではないという経営方針が。だから無借金、赤字を作らないという経営をずっとしてきているのです。創業しようとする人にアドバイスするときは、リスクマネーを集めてやれと言っているけれど、自分の会社はリスクマネーでやったのではなくて、まわる範囲でやったのです。

●出川　まわる範囲でやっているから、全部なくなってもいいわけではないでしょうが、リスクマネーが入ったら、プラスに使えるわけですよね。それが流れの中でそっちにもまわしちゃうと、冒険ができなくなる。おもしろいことができなくなる。ある意味でベンチャーらしくない（笑）。すごくかたいベンチャー経営なのですね。

●飯塚　確かにかたい運営と言えますね。粗利から研究開発費を賄って、残ったのが税引き前利益ですが、それから半分近くが税金として取られる。その残りが配当や役員賞与に使われ、その残りが内部留保金として残る。いまザインには無借金で１００億円程の内部留保金がありますが、大体同額の納税をしてきたことになりますね。日本の高い税率では企業が10倍に成長するには、その倍の約20倍の成果を上げなければならないことになります。税率の低いアジアの国々に比べ日本は成長にはとても不利な国です。

　またこの１００億の内部留保金は多すぎるという投資家も居られますが、実はこれは重要な意味があります。企業は成長と同時に継続する意思、ゴーイングコンサーンが重要です。経営環境は激変を繰返し続けますので、資金面の安定度が重要です。航空会社や銀行など、国営企業や大規模の企業は大きすぎて潰せないという要素があって、最悪の場合、税金の注入や銀行による救済が期待できますが、中堅中小企業と呼ばれる規模ではそれは期待できません。ですから粗利を全ての活動のための資源の基本とした運営をしてきたわけです。

話を本来のベンチャーに戻しますと、リスクとリターンの関係を考えれば、銀行の間接金融は企業が成長したフェーズで、より確実で規模の大きな挑戦に活用すべきものです。リスクの高い創業時には別の調達が適切です。

●出川　本来ベンチャーキャピタルが、そういうところに投資しなきゃいけない。銀行は銀行の役割がありそれでいいのですね。

●飯塚　それぞれ別の用途があるのです。

●出川　そのためにキャピタル側も会社を分けているはずなのが、銀行と同じようなことをやっているから、ベンチャーに投資できない。

それにしても無借金。なぜそれができたかというと、さっきも「ラッキー」という表現があったのですが、お客さんが欲しがっているところをやっていらしたから?

●飯塚　そうですね。それとサムソンの傘を借りながら、トライ＆エラーをして、自社ブランドの製品にたどり着けた。

❖——日本のベンチャーの現状

●出川　さきほどもベンチャーキャピタルの話をしましたが、飯塚さんの会社には「お金を出したい人が列を成した」というくらい恵まれていたし、そういう実力があった。では、そうじゃない人はベンチャーをやっちゃいけないのか、となってしまうのですが、どうでしょう。ベンチャーキャピタルをもっとうまく使う方法はないか、ということです。

私もよくお金が欲しいベンチャーから相談を受け、一方ではベンチャーキャピタルもお金を持っていて出したくてしようがないのだけれど、具体的に紹介すると「こんなところには出せない」となる。それが繰り返されるわけです。もともとベンチャーにはリスクがあるのにそうなる。「出しなさい」と言っても、「でも審査が通らない」と。で、「もっといいところを紹介して」となる。いいところはもうちゃんとお金を持っている。そのへんが、日本のベンチャーの現状でしょうか。

●飯塚　二極分化ですね。

●出川　ご経験からどうお考えになりますか。

●飯塚　負けちゃったからとか、行き詰ったから創業しようという発想でやるとまずいですね。かなり成功体験もあって、成功に導く腕も持っていて、経験もあって、そういう経験をもとに若干リスクを取ってやろうというプレーヤーが増えるといいでしょうね。

●出川　それは、ある程度の実績と将来こんなによくなるという絵が描けるということですね。

実績があって将来が描ける人がいない？

●飯塚　プレゼンも大事ですが、就活の学生の面接技術みたいなものになってしまうと……、ちょっと言いすぎかもしれませんが。

●出川　なるほど。日本は中身はあるけれど、プレゼンが下手、一方アメリカなんかはビジネスプランは上手で、夢を与えるプランをつくるが中身がない、という話があったのですが、最近の日本人はプレゼンも下手だし、中身もなくなっているともいわれる。そうすると、若い人にベンチャーをやれと言っても、「どうしたらいいんだ」という話になってしまう。

●飯塚　だから若いときから、いろいろなところでそういうトレーニングをする必要がある。アメリカの子ども達って、結構夏休みに自分で商売したりしていますものね。そういうのが必要。

●出川　私の子ども達も、アメリカやカナダにいたときには、ガレージセールで子ども達同士で自分の持ち物をいかに高く売るかというのをやっていた。日本でそんなのをやったら怒られちゃうんですよ。「高く金を取るとは何事だ」と。これでは付加価値（顧客価値）を見る判断が養われないでしょう。

●飯塚　もう少しプロビジネス・商売志向みたいなものが要るのに、それに対する評価が低いんじゃないですか。下賤というか……。

●出川　士農工商の商という順番でしょうか（笑）。

❖――基本的なビジネス感覚が欠如している？

●田辺　日本では最近のニートといった働かない若者が増えているわけですが、高校を卒業するまでは、アルバイトしちゃいけない、と言われています。小・中・高と、そういう状況にしておいて、「卒業したら就職しなさい」と言われたって、働く意欲がわかないですよ。

●飯塚　われわれの面接では、よくアルバイトの話をします。どんなアルバイトをしたか？　高校時代は？　なぜやらなかったの？　とか。学校側は禁止していたり、あんまり勧めていないようだけれど、みんなやっているんだよね（笑）。その働き方の話が主な話題になって、印象がよくなったり、悪くなったり変わりますね。

●田辺　アルバイトで人生経験を深めたり、大人と話したりすることができる。ある県で若者の就職を支援する「ジョブカフェ」の運営に参画したことがあります。

　そこで高校の先生と激論となったのは、私が「アルバイトを経験させるべきではないか」と言うと、「県の教育委員会が禁止している」と言うのですよ。それが大問題です。小さい時から、ビジネス経験というか、自分で工夫して、人のために働いてお金をもらう練習をするのは大切な体験です。それを禁止する。そういうことが、日本社会の基本的なビジネス感覚をなくさせていると思います。

●飯塚　そう思います。

●出川　それはなぜなのでしょう。さっきのガレージセールは、子ども達が一所懸命客をつかまえて、交渉してできるだけ高く売るわけです。これをみんなやる。これは試行錯誤、試すというプロセスですがやらせないと絶対うまくなりません。しかし、そういうことは日本ではできないでしょうね。

●飯塚　反応は悪いでしょう。

●出川　親にも、近所の評判も悪いというダブルパンチになる。

●田辺　日本自体が工業社会で大量生産ですから、同じクオリティのものをいっぱい作って、同じ値段で売ることになれている。しかし、それでは本当は儲からないのです。

最近、大手スーパーの人に話を聞いたのですが、果物、野菜、魚など自然のものには品質に大きなばらつきがあるので、値段はもっと違って当然なのだそうです。大阪の小さなスーパーでは、魚や野菜を目利きできる人がいて、いいものを高く値付けし、買う人は高く買って、おいしくて喜ぶ。お客さんもよろこび、会社も利益が上がる。しかし大手スーパーには、目利きできる人がいないから儲けが少ないのだそうです。地方の小さいスーパーは違いを見極めるので、それで儲けている。

大手スーパーは大規模化することによって、そういう目利きの居場所がなくなったそうですが、今必要になっていると聞きました。

●出川　日本の社会が、学校教育で子どもを均質化させてきたのと一緒の話ですね。

●飯塚　適正な格差はパワーの原動力だと思いますよ。

●出川　バラツキとか格差というのはある意味で社会のリスクヘッジなのですけれど、それが認められない。ばらつきがない社会は、環境が変化するとあっという間につぶれちゃいますから。そういう意味で、今日本ではバラツキというか格差は広がってきている。本当はいい傾向なのでしょうけれど、それを押さえつけちゃっている？

●田辺　日本は、今まさにきちんと違いを見つけて、適正に価値を評価することが必要です。

●出川　まさに「違い」を見分ける力をつけなさい、ということですね。そういうことを今の中でやろうと思ったら、どうすればいいのでしょうか。

●田辺　やはり、小さい頃から鍛えるしかないでしょう。最近の認知科学によれば、人間の脳というのは、何度も繰り返してやらないと身につかないそうです。野球選手が何度もバットを振るのと同じです。

❖――父の姿を見ていて

●出川　飯塚さんの場合は、これまでのご著書によると、中小企業を経営されていたお父さんがいらしたので、無意識のうちにそういう訓練をされていたのですか。

●飯塚　どうでしょう、逆に、父の苦労する姿を見て、「中小企業だけはやっていけない」という意識は強くありましたね。「あの手のことはやっちゃいけない」と思っていながら、いつの間にか自分も近いところへきてしまったのですが。ああいうふうなやり方はせずに、という意識はすごくあります。

父を見ていてまず、人材の悩みがすごいと思ったのです。父は私が中学生のときに亡くなりましたから、まだ小学校を卒業する直前くらいのころのことですが、それでも理解できました。父は若い従業員を何人か雇っていたのですが、その人達がよく辞めてしまう。工場に出て来なくなってしまうんですね。それを探し回ったりして大変苦労していた。

●出川　ある意味では昔の中小企業の典型的な例ですね。

●飯塚　探しに行って、説得して、と。会社というのは、給与を出して、働く場を提供していると思うのに、そういうシンプルなものじゃないと思いました。父は今は横浜国大の工学部になっている学校を出て、当時の鉄道省の鉄道研究所にいたのです。ありえないと思いました。そのままそこにいれば、日本独特のエスカレーターにも乗れたはずなのに。

●田辺 そういう意味では、反骨精神があったんじゃないですか。

●飯塚 それはどこかで妙なＤＮＡがあるのかもしれません。

●出川 どうして飛び出したのか、お父様になにかで聞かれたことはありますか？

●飯塚 そういう会話をしたことはないですね。もうちょっと歳がいっていれば、いろいろ話したかったと思いますけれど。今いなかの家を建てかえるので整理していると、父の書類が出てきたのです。結構几帳面なんです。母が子どもに向かって解説したこと、子どもが作り上げたイメージ、今昔の書類をみて感ずること、だいぶ違いがありますね。

父親像、母親像というのは結構思い込みが多い。親の存在というのは、子ども自身の頭で考えることなのでしょうが、当然すごいフィルターがかかる。普通は接触の濃い母親の語ることがより強く影響しますが、長じてみるとまた異なった実像があったのではないかと感じます。

ついでに言いますと、母は教員だったのですが、母を観察しているうちにやはり「人に教えるなんてことはやっちゃいけない」と思ったのです。でも、結構大学で教えることにもなった（笑）。

●田辺　なんで教えてはいけないと思ったのですか。

●飯塚　なんか尊大な人だと思ったのです。たとえば、パブリックなところで結構先生モードになるわけです。まあ偉大なことかもしれないんですけれど。

●田辺　だけど、悪気はないでしょう。

●飯塚　悪気があれば、まだいいんで（笑）。彼女はいろいろな場で「あなたがた、そこはこうなのですよ」と「指導」してしまう。それは教員という職のなせる業だと思ったのです。でもまあそういう生来の性格なのかもしれません。

❖――中小企業論

●飯塚　ということで、父の苦労を見てきて、これだけはやってはいけない、なんと知恵のない人だと思いました。「どうしてわざわざ鉄道省をやめてまで、こんなことをして、僕らの学費をおふくろに稼がせるのだ」と、そういう意識しかなかった。父が納品先の大手メーカーさんを訪問する時のことだったでしょうか、自転車をこいで坂道を登ってゆくシルエットが今でも目に焼きついています。

●出川　そのシルエットが逆にいうとベンチャーをつくる原動力というか、反面教師？

●**飯塚**　工夫が必要だと考えることにはなったかもしれない。

●**出川**　大企業に使われる企業は、作っちゃいけない?と気がついた（笑）。それと関係するのですが「中小企業」には、多くの人の頭の中には下請けというイメージがあるからいけないのでしょうか?　最近はそうでもなくなってきていると思うのですが……。

●**飯塚**　日本は99%が中小企業でしょう。いま国内の雇用を伸ばしているのは、中小・中堅企業で、大企業は国内では人を増やしていない、雇用の受け皿は中小・中堅企業です。

●**出川**　「中堅」という言い方もあるのですが、私は「中小」と「下請け」企業とは違うと思うのです。大きな企業でも下請け企業はあります。

●**飯塚**　「中小」というのは資本金で分類しただけの話ですが、今や中小、中堅のほうが特に国内の雇用を増やしている。これはアメリカの80年代に起こったことでもあるのです。まったく実態は違うのかもしれないですけれど、アメリカでは80年代に小さい企業が雇用を増やして、しかも研究開発費を増やしたのです。そして、大企業は研究開発費のシェアを落としたのです。

今の日本も、そういう中堅・中小で研究開発費が増えればすごいと思いますね。

●**出川**　本来はそうなっているはずですよね。中小企業のほうが新しいことに取り組みやすい。問題は、人材の流動性?

●飯塚　それがじゃましているのです。日本の雇用はかたい、かたすぎる雇用制度です。それをますますかたくしようとしているから、逆行することになるのです。そこが心配ですね。

●出川　一般的にいうと大会社の研究所では、ほとんどの人は外に出るとか、自分でひとりで生きるとか、考えもしないのですね。

●飯塚　歌でもソロはいやで、音痴の人でも大勢の中で口をパクパクやっていれば、歌っているように見えるということです。

●出川　ただ、大企業の中でも個人個人はみな一所懸命なのです。真面目で、小さいけれど自分の存在を証明する声は出している。

●田辺　それは大企業ですね。中小企業のほうはどうなのでしょう？

●出川　中小企業のほうは、社長と一部の人は、全体的には一所懸命ですが、技術がよくわかる人材が圧倒的に不足しています。

●田辺　私が知っている例は、現在は一部上場しているのですが、タカノ株式会社という長野県の会社。そこは元々下請けで、バネとかイスとか作っていたのです。開発者もいない、営業担当もいない状態。それが今から20数年前、「プラザ合意」後の円高で、タイの企業に勝てなくなった。経営者がこのままではだめだ、何か新しいことをやろうと考えた。でも何をやっていいかわからない。社長が知り合いの工場に行ったら、製品の検査を人手でやっているので、それをコンピュータでやることにした。技術は大学の先生に頼ったり、大学の研究室に人を送って鍛えてもらったりしたそうです。

そういうことをやって、今は年商３００億円くらい、中小企業から優良企業になったのです。『実践中小企業の新規事業開発―町工場から上場企業への飛躍』（中央経済社）という本にもなっています。確かに人はいなかったのですが、大学に派遣して指導を受けさせるとか、大学への委託研究に従事した修士学生を採用するなど、人を育てたそうです。

❖―人材の流動性を高めるべし

●出川　大企業でも、技術者として会社に入ってトレーニングしてもらって、それからある程度の自立できるスキルを得て、合わないと思ったら出ればいいという考えもあると思うのですが、そのシステムが成り立たなくなっています。なぜかというと、ひとつは、大企業があまり導入教育をする余裕がなくなったこと、そして一度入って楽をしたらもう苦労したくないという人たちが増えているからです。別の見方をすると、そこから出た人は「大企業病」にかかっていて中小企業では使い物にならない。そういう2つの問題が起こっているのです。そこのところはどう考えたらいいのでしょうか。

●飯塚　人材の流動性を高めることです。

●田辺　流動性を高めるために、エンジニアに「ベンチャーして、だめだったら帰ってきなさい」ということを日本の大企業はやれないでしょうか。これをやると高まるような気がするのです。飯塚さんのところでも、再雇用はウエルカムではないけれど禁止はしていないというお話がありました。

●飯塚　そうですね。人が移動しやすい雇用制度が大切です。皮肉なことですが、解雇に関する縛りが非常に厳しい制度が、かえって雇用の創出や流動性を妨げている。派遣禁止も同じですよ。規制を強くすれば、ますます固くなって縮んでくる。

●田辺　だけど、自分の意図でやめる人に対して、また再雇用というのはむずかしい。

●飯塚　そうですけれど、採用側にニーズがあることが前提です。大手でもソニーなど出たり入ったりさせています。

●出川　日本の大企業の中でソニーと東京エレクトロンは、自由に行ったり来たりできる会社と聞いています。伝統的な企業、たとえば東芝は、あたたかいのだけれど、出た人がもう一回戻るということはない？

●田辺　日本の大企業に、もう少しそういうところがあれば……。

東芝から出た人で、今シリコンバレーでベンチャーをやっている人がいるのですが、彼は東芝時代に開発した技術を了解をもらって持って出て、資金も出してもらってベンチャーをやったということです。「やりたい」と言った人には、できれば「カーブアウト（切り出し）」的にやることを認めることです。

❖――カーブアウトは？

●飯塚　カーブアウトはやるべきです。

●田辺　カーブアウトを推進すると、流動性は高まるでしょうね。

●出川　実は10年から20年前に、日本でも分社化と称して、米国にならったその流行りがあったのです。でも、早すぎたのですね。日本はまだそういうフェーズが成熟していなかった。

今こそやるべき時だと思います。しかし、そのときの失敗した経験を持っている人が経営側にまだいるわけで、失敗した経験からできない、止めてしまう会社があるのです。本当は今こそやると、技術も死なないで、出て行った人は自分達でやるわけですから。

●田辺　私の知人の話なのですが、未来の事業ということで新しいことをやっていたのです。ところが、リストラしなければいけない事態になって、社長は既存の事業をリストラするとお客さんに迷惑がかかる、これはまだお客さんがいないからといって、これからというその事業を止めてしまったのです。技術者は社内各所に配置換えになったそうで、これはもう日本にとって不幸です。

もしリストラするなら、その事業を他の会社に人ごと売ってしまえばいいのです。それでみんな幸せになる。だけど日本の会社はそれをやらない。それをやってうまくいったら、売ったのは誰だということになるから、つぶしてしまうのです。つぶされるのなら、エンジニアは飛び出せばいいのだけれど、なかなか飛び出せない。というので、これは最悪のケースなのです。

●出川　会社も個人も将来的には二重につぶれてしまう。

●田辺　こうしたことが日本の多くのところで行なわれていることじゃないかと思います。これをカーブアウト的に、出ることをもっと認めてほしい。

●飯塚　成功したら、出したほうも配当とか製造権、販売権などでちゃんとリターンを受けられるようにしないと。出して失敗だったというのではなくて。

●出川　検討している企業はたくさんあるけれど、現実に動いている企業は非常に少ないのです。たぶんもう少し時間がかかるのではないでしょうか。

●田辺　そこをもっと政策的に応援できないかと思います。カーブアウトベンチャーへの出資に対するマッチングファンドはどうでしょうか。

●飯塚　そういう企業に共同で出資するキャピタルマネー、ベンチャーキャピタルはたくさんあるでしょ。

●田辺　心強いですね、ありますか？

●飯塚　あると思いますよ。

●出川　それが企業側が微妙なところで、新規事業のタネでもうまくいきそうなのは離したくないのです。だから今試行錯誤期なのです。もっと試行錯誤は短いと思ったら、日本は延々と試行錯誤しているのですね（笑）。

Ⅲ　日本のビジネス環境についての提言

1　日本の根本問題を指摘しよう

●出川　ここでは、日本のベンチャーをめぐるいろいろな環境について考えてみたいと思います。

私の場合は、アメリカの東海岸のベンチャーに日本の大企業の社員として共同開発に行っていたことがあるのですが、そのときにすごく矛盾を感じました。同じような仕事をしているのに、ベンチャーで同じ内容の開発をやっている社員の給料は我々日本人の2倍から3倍なのです。オーナーはもっと取るわけです。それはなぜだろうと。白人もアジア人もいろいろいたのですが、同じ仕事をしているのに、彼らのほうが給料がいい。どうしてと、そこを考えてみたら、ベンチャーと日本の大企業の矛盾点が見えてきてしまった。それで私も自分で会社を作ったわけですけれど、技術者でもやる気と能力があれば、やはり向こうのほうが合理的なのでしょうね。

●飯塚　アメリカは「違い」を、正当に認めている国ですよね。対して日本は「格差」に異常に過敏です。「格差」と呼ばないことにまで、「平等」を求める。「悪平等」とか、「結果平等」という言い方のほうが正しくて、それは「平等」ではない。

●出川　日本の大企業の場合、何が問題かというと、開発していようが、工場にいようが、事務をやっていようが、給料としてはほとんど一緒になるのです。たとえばコスト上は設計開発する人は1時間2～3万円だけれど、設計は1万円、それから工場の人は６０００円とか、いろいろ変わるのですけれど、結果として、ミックスレートになる。そうすると、あぶないことをやらないで、安全なことをやっているほうが得する。これがイノベーションを阻害するひとつの要因なのではないでしょうか。

これは企業の運営の問題で、企業が悪いというのではなく、これまでの工場経営型の企業が大きくなると当然そうなるのです。そこのところについては、アメリカではベンチャーというかたちでうまく分担してブレークした。当初は大企業から開発をやっている連中が追い出された、という側面も強いけれど、ベンチャーを創ったり参加した人々、技術者が本当の付加価値に目覚めちゃった。

●飯塚　それは重要なところで、Ｉでお話しした「ＰＰＰ」の話（18頁参照）に戻るのですが、日本は〝予定通り〟２０１０年に中国にＧＤＰ世界第2位の座を譲り、第3位となった。これはトータルのＧＤＰ。だけど、一人当たりのＧＤＰでいうと、日本はもっと前にシンガポールとかいろいろな国に抜かれて、２０００年に第3位だったのが、０８年頃には23位に落ちて、今も16位あたりにいます。日本のＰＰＰはものすごく下なのですよ。総人口が巨大な国が大きなＧＤＰ

を持つのは当然ですから、中国が日本を追い越してゆくのは時の流れ。しかし、少子高齢化で先行する日本は一人当たりのGDPを成長させないといけない。これから高齢化が更に進む。ひとりの若者が大勢のおじいちゃんおばあちゃん達を支えなければいけないときに、一人当たりの付加価値が小さかったら、とても大変ですよ。

●出川　今のパラダイムでは、イノベーションの実現というのはいろいろな失敗をするリスクを乗り越えることに付加価値が生じるわけです。開発もそうです。ということは、それを認めない限り、みんなやらなくなる。だんだん付加価値が落ちていき、一人当たりのGDPも伸びない。

●飯塚　人類の知恵として共有されているのは、リターンとリスクは比例するということです。だから、いかにリターンをとりながら、リスクをどうヘッジしていくかというのが、世界の人々の英知であるわけです。しかし日本は、リスクをとらないところに走っている。だんだんそういう方向に熱心になってきているのですよ。それが心配です。

●出川　大企業は、ほおっておくとそちらのほうにどんどんいく。

●田辺　日本全体が、ということでしょう。日本全体が「大企業病」になっているということですね。

❖——日本にはもはや大企業はない？

●飯塚　大企業か中小企業かは資本金の額で定義されていますが、世界規模の競争がますます激化する現在、グローバルな競争力という観点で見た場合、日本には世界的に見て大企業と呼べる企業が非常に少ない。大企業もグローバルな競争を勝ち抜くには、安定志向だけでなく、イノベーションをどう生み出すかという能力が問われています。

日立製作所や東芝の時価総額はマイクロソフトの20分の1、つまり5％しかない。私が尊敬してやまなかったところの企業価値が3兆円ほどしかないのです。もちろん、日本の為替政策や株式市場の能力とかも折り込まれて、そんな評価を受けているのですが、この評価には悔しさを覚えます。世界の大企業とは呼びにくい。

●出川　大企業というカテゴリーが変わってきた。日本の成長期や１９８０年代あたりまでは、大きな工場を持つのが大企業でした。そしてパワーも安定感も持っていた。

●飯塚　80年代、大企業は大企業らしかったですね。

●出川　工場をいっぱい持って、今のサムソンモデルみたいな。

●田辺　多額の資金とか資産があった。

●飯塚　大勢で同じことをやることで、価値が出せたのです。

●田辺　大量生産。

●飯塚　大量生産のフェーズで勝てなくなったのは、先ず第一には国のインフラに競争力がないからです。そのフェーズでは、国のインフラ、税率が低いとか、電力のコストが安いとか、円が安いとか、そういう数値の上での競争力の差がないと勝てない。

●田辺　確かにそうです。一方、高度成長当時は勝てるインフラができていたのです。臨海工業地帯とか、道路とか港とか、工学部を作るとか。当時は工業社会に最適なインフラを整備したのです。

●飯塚　そのインフラの競争力がない。今は新しい時代に適したインフラができていない。

●出川　それは、わからないからできないのか、やらないからできないのか、どちらでしょう。

●田辺　やらないからでしょうね。世界はやっているわけですから。

●出川　さきほどお話に出てきたシンガポールはまさにそういうことでしょうか?

●飯塚　日本はどういうところから学ぼうとしているのか、どこに行こうとしているのか。いま国のトップが「為替のことは疎いから」とか言っている場合じゃない。

❖——新しい時代のインフラができていないのはなぜか

●出川　田辺さんはシンガポールに詳しいですが、日本はなぜシンガポールのようなイノベーションや企業ができないのでしょう。

●田辺　シンガポールは明治時代の日本から学んだと言っているのです。いくつかポイントがあるのですが、ひとつは、明治維新のときに有能で情熱のある人材を長くリーダーに置いたこと。もうひとつは、経済をよくするために、体制を変えたこと。つまり社会を変えないといけないということですね。いままさにそれと同じことなのですが、発展しようと思ったら土台を変えないとだめだということです。

もっと重要なのは、明治の日本はまさに人材に投資した。義務教育を充実させ、あるいは帝国大学を作り、人を育てた。義務教育については当時の「先進国」とほぼ同等に整備されていた。それに対していま日本は、大学への政府資金を毎年減らしている。ＧＤＰに対する大学への政府予算比率は先進国で一番低いのです。

●飯塚　人材と教育の話は、いつの時代も非常に大きなテーマだと思います。

●田辺　シンガポールは、今人口が５００万人くらいになりましたけれど、小さい国ですから危機感があって、世界の動きの中で自分たちのポジションを常に意識しています。そして、世界から優秀な企業や人を呼んでくるためには、どういう環境を作ればいいか、という観点からインフラを整備し、どんどん伸びていったわけです。それがシンガポールの発展です。

それを真似するかどうかは別にしても、新しい時代に合った環境、インフラ・制度を作るというのは、かつて日本がやったことなのです。日本は80年代「日本株式会社」だと言われて叩かれたことがありました。今世界は、「米国株式会社」だし、「中国株式会社」になっている。日本は、かつてたたかれたということがあって、それをやらない。

❖――いろいろな局面で工夫がない

●出川　日本は先に行っていたのが、今では取り残されちゃっている。そのなかで、飯塚さんのところは、実際に伸びているわけです。他の人がこれをできない理由は、体制の問題なのでしょうか？

●田辺　意識の問題もあるでしょう。実際にリスクが高いという体制の問題もあり、意識と体制が悪循環になっているのですね。

●飯塚　いろいろな要素が絡み合っているので、ここだけ直せばよくなるという手法がなかなかなくて、苦しいのです。少なくても今、政策が後ろ向きになっていますね。たくさん課題があるのだから、少しずつでも前に進めてほしい。税制だとか、雇用制度が固すぎるだとか、農業は単に守るのでなく、競争力をあげなきゃいけないとか、いろいろなことがある。それをひとつひとつやっていることが、だんだん競争力を失う方向にいってしまっている。

●田辺　ベンチャーが重要だというのなら、ベンチャーは5年間利益をあげても税金を取らないとか、補助金を出すより、やり方がいろいろあるはずなのです。そういう工夫がないですよね。

　かつてアジアは80年代90年代、日本企業などを呼んでくるときに、利益が出るまでは何も取りません、利益が出てからも、5年間は無税ですと、中国でもそれをやったわけです。そういうのがないですね。方向が見えない。

●飯塚　税収を増やしたいという、のどから手が出るような気持ちはわかりますが、税収を増やすには単純に税率を上げても増えるとは限らない。経済の成長がないと税収は増えない。そのためには世界の投資を呼び込み、内外の投資家が日本で投資するといいことがある、企業家が日本で頑張るといいことがあるという環境を作らなければ、国民も外国人もみな海外へ逃げるだけです。

●田辺　政府は大きな借金がありますが、一方で「個人」はお金を持っているわけです。元気のいい人が、リスクマネーを使って、リスクを取る仕組みが必要ですね。

●**出川**　社会全体がリスクをとらないというのは、守りに入っているということですね。

●**田辺**　ただ、学部から大学院に入ってくる前にベンチャーを作り、製造企業などとアライアンスを組んでやっている若者もいるのです。

●**飯塚**　そうした若者もそれなりにいますよね。

●**出川**　私はよく感じるのですが、若者は二極化していると。昔よりずっと飛びぬけた若い人もいるけれど、守りだけの人も多くいる。昔はみな二極のだんごになっていましたけれど。社会がそれをうまく活かしていないというか、おたおたしている。

❖――「競争」をあきらめる気持ちが蔓延

●**編集部**　いま「日本は行き詰っている感」がすごくあると思うのですが、それについて２つのアプローチでうかがいたいのです。ひとつは飯塚さんがご著書『脱藩ベンチャーの挑戦』で日本的な環境、ベンチャーが育ちにくい環境というか風土を述べられておられますが、その側面からひとつ。この本が２００３年ですから、それから８年経って、どういうふうに良くなったか、悪くなったか。

もうひとつは、政策的な問題です。「リーマンショック」でもいいのですが、社会的なターニングポイントに対する政策について、どのようにお考えでしょうか。

●**飯塚**　２００３年頃と比べて、良くなっている部分もあるかもしれませんが、悪くなっている点は、長期不況の中で、みんなが「競争」をあきらめる気持ちが強くなっていることだと思います。「競争」というのは、これまで国内で繰り広げてきた日本人同士の競争というものもありますけれども、いまは国際競争というものが、より大きな意味を持つ時代になりました。

最近、大竹文雄先生の『競争と公平感』を読んだのですが、その中で、日本人は、同じ職種についていれば、給与が同じほうが公平だと思う人が多くなっているといいます。たとえば秘書をしている人ですごく優秀な人とそうでもない人がいたとして、その二人の給料が同じでないとアンフェアだと感じる人がすごく多いといいます。そういう「結果平等」志向がますます強くなっていることを指摘しています。

生命の継承の原点には競争があります。数十億年にわたって優れたＤＮＡを運んできたのが競争です。しかし、競争というのはつらいことなので、それが生命を活性化するひとつの重要な要素であることをついつい忘れてしまい、人為的にこれを否定することが非常に顕著になっている。その反映として、政治家も票がもらえなければ始まらないので、それに追随し、競争的な案を出せなくなってくる。すると、傷ついて〝日比谷村〟で寝転んでいる人を助けることが一番大事であることになってしまう。しかし、それを支える税金を支払う人達の元気や競争力を強化することが思考の外になってしまっている。

●田辺　「どうして一番が必要なのですか」ということになる。

●飯塚　そういうことを政治家が言い出してしまう。うつむきかげんの風土と政策がどうも一体になっている感じがします。

●田辺　8年前と比べると、当時は、大学発ベンチャーを増やそうとかいろいろ希望があった。

●飯塚　小泉さんが悪者にされているのです。小泉さんも問題点があるでしょうけれど、少なくとも……。

●田辺　ベンチャーとかイノベーションとか改革とか、そういう意味での改革は、当時ありましたよね。

●出川　最近は、そのようなリスクを伴う攻めの改革はほとんどギブアップされちゃった？

●飯塚　不可避の「闘い」から逃れているのですよ。

❖――国家は取り残されている

●**田辺**　一方で、最近、企業はグローバルじゃなければだめだというので、多数の外国人を新卒採用するとか、社内の公用語を英語にするといった動きもあります。パナソニックや楽天などです。

●**飯塚**　だから、企業の動きと国家の方向性が分かれてしまっています。国家は「票」があるから、民主主義があるから、厭戦気分の国民に迎合した流れに向かっていますけれど、一方で経営者たちは違う方向に動いています。

　企業は成長のチャンスのある海外にどんどん投資し、どんどん海外に出て行く。すでにお話ししたように大企業の雇用創出はむしろ海外で盛んになっている。海外に行ける企業、Ⅰの冒頭で述べたように、ＴＡＣＫできる、風上に向かって行ける企業とそうでない企業とに二極分化している。海外活動の成果を国内の人々が手に入れる仕組みを持つか、国内の成長を生み出さなければ、子ども達が背負うことになる国の借金を増やすのみで、国家がどんどん取り残されていく。こういう姿が見えますね。

●**出川**　ようやくいろいろな企業が変わりつつあります。企業は経済原理が非常に明確で、変わらないところは、つぶれるだけの話ですから。国はそういう意味では、つぶれないと思っているのでしょうか。

●田辺　ベンチャーへの支援環境とか、ベンチャーの活動環境がどうかというと、悪化している。少し前までは、「イノベーション」とか「国際競争力」と言っていたし、「ベンチャー」が重要だと言っていたわけですよ。今はそれが言われなくなった。応援しようというのも、政策的にはトーンダウンしました。

●飯塚　政策も非常に見当違いの方向に行っている。田辺さんも指摘されていましたが、投資したいと思っている、投資できる企業も個人もいるのに、その人たちの投資を引き出せていない。増税というかたちしか思いつかないというのは、そうとうまずいですよ。投資を促進する政策、例えば減価償却ももっと魅力を付ければ、税を使わずに活性化ができる。国民はお金を持っているわけですから、それを投資すると良いことがある環境をつくれば凄い可能性を持っている。

●出川　活用されていないお年寄りが持っている死んだマネーを、ベンチャーだけじゃなく企業全体にまわしてやれば、それがまたいろいろなものを生み出して、お金が全体に回り、税収も増える。こういう循環が今は少ないということですね。

●田辺　最近相続税の増税がありました。経済に回るお金を、逆に政府が邪魔してしまうことになる。

●出川　増税が進んでくると、個人ベースでは資産を守ろうとするわけですね。

●飯塚　〝北風〟政策ですよ。〝太陽〟政策をとればいいのにね。どんどん北風をビュービュー吹かすから、預金が増えたりしてね。さすがにもう預金を増やすこともできなくなってくる。国債を増やして、その後で猛烈なインフレを起こすという形を変えた「増税」策も考えているのかもしれない。

❖――間違った「高齢者」対策

●田辺　出川さんと学会発表したのですが、経験を積んだ技術者が自分のオリジナルな技術を培って、それをベースに大企業と組んでビジネスしていくという開発連携型ベンチャーがこれから増えてくることが望まれます。

その一方で、大企業を定年でやめた知人が働きたくないと言うのです。大企業に長くいた人は、たとえば厚生年金が月20万円、企業年金が月20万円。月40万円あったらほかに必要があるのか。これはよくない社会だと思うのです。だから、元気のいい人も外に出てやろうというのではなく、企業に長くいたほうが老後は安心かな、ということになる。これは歪んでいると思います。

●**飯塚**　能力があると言われる〝上澄みの人〟たちがそういう行動を取っている。

●**出川**　そういう人たちの中で、韓国とか中国とかに行く技術者もいる。日本の中で定年に近くて能力がある人たちでいうと、本来アメリカにいれば、ベンチャーなどで主体的に動けば軽く２０００万円もらえる人が、日本だと１０００万円しかもらえていない。さらに日本の再雇用は半分しか出さないわけですから定年になると５００万円しかもらえない。それをたとえば韓国が１０００万円出す、１５００万円出すというと、みんな喜んで行くのです。みなさん実際に行って、数年経ったら吐き出されて帰ってくるわけですけれど。

●**田辺**　定年という制度も再考すべきです。有能な人はずっと働くべきなのです。アメリカ国内は、年齢で差別してはいけないのに対し、日本は本当に有能な人も定年でクビになる。そして有能な人も、再雇用は半額。これはまったくおかしい。

●**飯塚**　日本の雇用制度が変わってないのです。

❖――高ＰＰＰの国家を作るには

●**出川**　いま田辺さんが言われた「大企業とベンチャーの連携」というのは、もともとアメリカのモデルで、日本でやられたのは実際には飯塚さんのところなのです。

今の日本の中のベンチャーは、中小どころかマイクロ企業となってしまって、はっきり言ってだらしないところが多いようです。でも、中小企業でがんばっているところが大企業と連携しようとしている。これが確かに増えています。大企業側も大きな工場をもっているけれど、開発系の仕組みの頭脳が小さくなってきたところは連携を求めていて、そういうところはうまくまわってきているようです。中小企業さんは追い詰められていて必死ですから、どんどん新しいことをやる。連携のシステムがまだ未熟なので、取った取られたという話はたくさんありますが……。

だんだんそういう流れになって、それを交互に利用しようとしている動きはあるのですが、高度成長時代の基本的な枠組みがまだそのまま残っている。定年制もそうだし、年功序列もそうだし、基本的な評価体制もそう。そこが壊れるときがくるのでしょうか。私ども団塊の世代がいなくなれば、変わるかと思ったのですけれど、あまり関係ないような気もしています。

●**飯塚**　日本の産業構造というのは、そう簡単には変わらないですね。１％ぐらいの大手企業と、99%の中小企業、どちらも一人当たりの付加価値が増える仕組みにない。大手では大勢で成果追求するのが安定で安心、ひとりで歌うのは自信ないけれど、コーラスならば口をパクパクやっていれば大丈夫、というような人材が結構いたりする。一方で、中小企業は、プロフェッショナルの税理士さんが、節税と称していろいろな合法的なアイデアを使って税金を圧縮する工夫に熱心です。どちらも税収源としては、期待できない。

「高ＰＰＰ」の国家を作るためには、成長志向の中小企業、それをベンチャーと呼ぶかどうかは別として、そういう一人当たりのパフォーマンスを追いかけ利益をしっかり出し、それで成長できる、そういう企業に対して税率を高くするのではなく、そういうところをエンカレッジするような制度をやらないかぎりは日本は沈む。かなり高い確率で沈む。

❖――日本は20年間沈んだまま

●**飯塚**　80年代に世界で起こったことは、リニアモデル（研究→開発→製品化→マーケティングという一連の流れを一企業で行なう）の破綻です。それに代わるモデルが開発できなかった。だから、日本は沈んだ。そして20年間沈んだまま、何ら知恵で勝負ができていないのです。日本は人口ボーナス（生産年齢人口の増加）と東西冷戦の中での米国による「特別扱い」で伸びてきたわけですが、東西冷戦が終わって競争が激化し、人口オーナス（生産年齢人口が急減し、同時に高齢人口が急増する事態）が始まると同時に競争力の沈下が始まってから長期にわたり復活の契機がつかめていない。政策も戦略も実行もなかったと言わざるを得ない。
●**田辺**　かつては工業社会に対応したコンビナート戦略があったのです。今は知識や知恵の時代のコンビナート戦略がない。

●飯塚　「成功体験」に甘やかされ、ごまかされてきた。ここで日本が先行して取り組む課題で知恵を出せれば、中国、韓国もアジアもいずれ間もなく「人口オーナス」のフェーズに入るのですから、それときやはり先行できれば日本人の知恵が活かせる可能性があります。今は瀬戸際ですよ。

●出川　そういう企業がほとんど沈んでいるなかで、飯塚さんのところが順調に伸びているのは、日本というベースを無視（笑）しているからでしょうか？

●飯塚　無視しているというか、我々のような孤立無援の存在は、国際的な水平分業が浸透してしまった時代に、アジアとの競争と協業を受け入れなければ生きていけない。日本人同士のような信頼関係とは違う世界ですから、とても快適じゃないけれど、それは受け入れざるを得ない。〝後出しじゃんけん〟を平気でするような人たち、そういうゲームのルールの人とやっていかないといけないのは大変ですが、必要なのです。

❖――学生は海外に出るべし

●出川　グローバル化にもかかわらず、海外に出ていく人が、減っていますからね。

●**飯塚**　ところが、学生に聞くと、「海外に行くと不利なんじゃないか」と言うのです。就職活動でも、「何か付加価値があるのでしょうか」と言う。たじろぎますね。

●**田辺**　就職活動をしていて、「海外に行ったのなら採用」ということが増えてくれば、変わるはずです。それが逆に、就職活動のとき海外に行っていると、置いてきぼりになってしまう、ということがあるようなのです。企業側にも問題があるのでしょうね。大企業が「海外組優先」とか言えば、がらっと変わると思うのです。外国人を採るのはいいと思うのですけれど、日本人も世界で活躍できる人が増える必要がある。しかし、帰国子女は自分の意見を持ちすぎてだめだとかいう企業が多かったりして……。困ったものです。

●**飯塚**　昔、「27歳より前に、海外に行ったやつは危険である」というのを聞きましたよ、〝かぶれる〟からと。

●**出川**　それでも、多くの若者が苦労して海外に出て日本全体としては、活力を生み出したのでしょうね。私は最近、「行くときはひとりで海外に行け」と言っているんです。というのは、ひとりでどこか海外に行って成功した人はもちろん、海外で何かやった人は、大企業を出ても、ベンチャーに行っても、何をしても役立つ人材なのです。

●**飯塚**　若いほどいいと思います。

●出川　ただ〝かぶれ〟ないように？

●飯塚　〝かぶれる〟くらいがいいかもしれない。いずれバランスはわかるようになるはず。

●出川　私は30代後半で行ったので、〝かぶれ〟なかったのですけれども。

●飯塚　私も遅かったので。

●出川　やっぱり二種類出ますね。〝かぶれる〟というか、日本があほらしくなっちゃう人とそうでない人。

●飯塚　日本の全否定ね。

●田辺　大学時代に行ったほうがいいですね。

●飯塚　大学の1年くらい、単位が取れるようにしてほしい。

●田辺　大学の4年間のうちの1年間を海外に出て学ぶことをやるべきだと思います。

●飯塚　北京大学など、日本の大学とのコラボレーションも進んでいます。

●出川　そのような日本人学生の絶対数が減っているのが問題ですね。

●田辺　圧倒的に少ない。

●出川　今の日本の経済状態を考えれば、今の子ども達はいくらでも行けると思うんです。私たちのときは、行きたくても行けなかった。

●田辺　シンガポールの学生は、中国とかインドの学生と競争しなければいけない、これは大変だと、必死になって勉強しています。日本の学生は本当にのんびりしている。

❖──日本より先に海外で

●飯塚　話を戻しましょう。さっきも言ったように、人間は解決できることしか悩まない。だから、さすがに日本が沈没するのをどうするかというのは、小さな私一人ではどうしようもないと思う。それより、自分のできるところで成功例をいくつか増やしていけばそれで十分。

●田辺　その「高ＰＰＰ」の企業とか「高ＰＰＰ」の人材にとって、連携というのが重要ですね。飯塚さんもサムソンが「組みたい」と言ってきたわけですよね。それで一緒になってやった。昔でいうとソニーにしてもキヤノンにしても、日本で売れなかったのをアメリカのマーケットで買ってくれて、海外で成功したので国内でも売れ出した。

●飯塚　昔からそうなのです。日本で頑張っている個人とか小さな存在も、海外のほうが組みやすい。芸術家でもそうだし、私の場合も、サムソンが先に認めてくれたわけです。

●田辺　私の知り合いでバイオ関係のベンチャーをやっている人がいるのですが、彼は「日本でうまくいったらアジア展開したい」と言うわけです。「そういう人が多い」と言うのです。それに対して私は、「最初に日本のなかでうまくいく、という発想がおかしい」と言ったのです。だって、薬にしたって、医療機器にしたって、日本ではなかなか認めてくれないわけですから。まず、アジアのシンガポールや中国などと連携して、そちらでどんどん事業化して、海外で成功してから日本に逆輸入するやり方でやるべきだと言いました。それで、シンガポールでバイオベンチャーをやって成功した日本人を紹介しました。

　飯塚さんは違いますけれど、日本でやっている人はどうしても、まず日本で成功してから、海外だと言う。

●飯塚　われわれの売り上げを支えているのは海外企業ですからね。製造もそうですし、たとえば、私どもの液晶ディスプレイの制御チップのお客様ですが、いま主たるパネルメーカーは世界に5社しかない。その5社が相手ですけれど、うち4社はアジアです。あれよあれよという間に海外のほうが多くなってしまった。海外の顧客向けに、海外のサプライヤと戦って製品を売るのは大変なことです。

　日本の顧客メーカーさんにもっと復活して欲しいのですが……。アジアの中の日本という地勢学的にこれだけ有利な場所にいる、ということだけでも証明できればいいと考えるしかない。

●出川　そういう意味では、地勢学的に日本は、昔からすごくいい場所にいますよね。

●田辺　そう思えればいいのだけど、アジアから見ると「端っこ」なんですよ、日本は。

●出川　でも本当は「端っこ」じゃなくて「中心」と考えたほうが合理的なんですよね。中心だと位置づければ人が寄ってくる？

●田辺　多くの日本人は、そう思っているようですが、外国企業や外国人が日本に来ないのが実情です。だからもう中心ではなく、出て行かなきゃだめなのですよ。待っていたら「端っこ」なのです。香港とか、シンガポールとか、上海とかが、今や中心ですよ。

❖――整備すべき日本のインフラ

●飯塚　本当は人が寄ってきてほしいのだけれど、インフラの魅力が向上しない。この国には人を呼べない。

●田辺　２０１１年正月の日経の社説が、それなりにいいことを言っています。企業は優秀な外国人をもっと採用すべきだ、と。それで発展していくべきだ、と。でも、この発想では私はだめだと思うんですよ。優秀な人に喜んで働いてもらえる環境を作って、ぜひ来てください、うちで活躍してください。そういう発想がないと誰も来ないですよ。雇ってやるから来いという姿勢では、いい環境にならない。

●飯塚　それは根深いのです。だって、日本の国際空港に外国資本が入ろうとしたら国が止めたくらいですから。対外投資が中国・米国の20分の1ですからね。人口ボーナスの時代は誤魔化せたけれど、もう誤魔化せない。気の利いた人は海外でチャンスを取るしかないですね。

●編集部　日本のインフラで、整備すべきところを具体的に挙げていただけませんか。

●飯塚　インフラですか？　大事にしたいのは日本の経済地域であって、日本の資本ではないと思うのです。日本の国土で就職できる就職口を増やすことが大切です。ですからまず、例えば日本の空港に外国資本が入ろうとするのを国が規制するような、そういう投資の規制をやめる。

　それから税率は、シンガポールまでとはいかなくても韓国並ぐらいにしたい。

●田辺　シンガポールは、17％ですからね。

●飯塚　台湾も法人税率を17％に下げることを２０１０年に決めました。約23％の韓国並にしてもいいじゃないですか。中国も25％に下げた。英国も28％、独も約30％に。日本はなんと約40％です。

　それから、相続税の対象を拡大するのも良いですが、むしろ贈与税を下げて、どんどん贈与をさせると。寄付金をもっと促進する。お金の使い道は、国を経由しなくてもいい、民から民でいいと思うのです。だから税制で工夫できることはたくさんあります。加速減価償却制度をもっと促進しなさい、とか。

●田辺　シンガポールも減価償却は柔軟ですよ。

●飯塚　それから、東京圏の通勤に1時間以上かかって当然というのも改めたい。もう少し職住接近にするために規制緩和して、もっと高層ビルができるようにする。その時にいろいろインセンティブをあげるわけです。もはや国は手元不如意なのですから、お金をばらまくんじゃなくて、「取りません」と言えばいいんです。「取りません」って言えば、資金やアイデアのある人が投資を始めるから、どんどんビルが建つようになる。環境破壊ということもあるから、そういうガイドは必要でしょう。魅力が増せば、そこに外国人も寄ってくるようになると思います。

ほかにも、たくさんありますよ。雇用制度も「派遣は禁止」みたいに、どうして逆戻りするのでしょう。派遣禁止だったら正社員の処遇をもっと緩やかにするとか、たくさん雇用できる企業が海外に出ていってしまったら、国内の雇用の場が減ってしまうだけです。

❖——日本人はいまサボっている

●田辺　昔の日本人はいろいろ工夫しているんです。たとえば江戸時代、江戸と大阪では奉行所が1カ月交代で活動していた。つまり行政が交代していたのです。

●飯塚　道州制でも良いのですが、自治体ごとに競争させればいいんですよ。「俺あっちの北海道のほうで商売しよう」みたいに。

●田辺　江戸時代にはいろいろすごい工夫、制度面のイノベーションがありますね。今は工夫が足りない。米相場の先物市場を日本は江戸時代に作っているわけですよ。また、商人にインフラ整備事業を認めるなど、現在のＰＦＩのようなことをやっています。知恵の時代だった。

●飯塚　頭の悪い民族ではないはずですよね。要するにサボってるんだと。

●田辺　サボっている。だから、これは重要だから政治家に任せておけない、役所に任せておけない、という意識が必要なんです。

●出川　サボっていることや工夫のないことはやっぱり危機意識がないのでしょうね。本当は危ないのですが、気がつかないといえますか？

●田辺　１０００兆円もの国の借金もありますからね。

●飯塚　今、銀行の破綻が起こる3回目のフェーズだと言われてます。98年と２００３年と今年２０１１年。これから銀行の破綻の大きな危機がきますよ。国債の長期金利が今ぐっと下がって１％。

中前国際経済研究所の中前さんが指摘されているのですけれど、長期金利が1％を切ったときに、銀行破綻が必ず日本で起こると。で、まもなくそれが起こると。日本の金融機関はほとんどコアビジネスで利益を出せていない。これだけ利率の低いままやらされているわけでしょ。国債を買わされている。そうすると、地銀から始まるだろうと言われています。地銀がデフォルトする。デフォルトすると、預金引出しに走るので銀行破綻が起こると。

●**田辺**　国債は危ないのだから、金利はもっと高くなっていいはずなのですけれど、みんなが買うから安いのでしょう。それもおかしいですよね。本当は国債から逃げていかなきゃいけないのに。

●**出川**　でも他に買うものがないと思っている？

●**飯塚**　いずれにしても、どんな問題も放置していると、間もなく次の別の問題が発生して、より多くの課題を同時に解決しなければならないより困難で不利な状態に追い込まれてゆくのが常です。癌と同じ、早期発見早期治療が鉄則です。

2　日本の技術、再生のために

❖―半導体技術は〝竹光〟?

●**出川**　ここではもう少し日本の技術について議論をしたいと思います。とりわけ日本の半導体技術の状況について、いかがでしょう。低迷しているうちに錆びついたりしているようなことはありますか?

●**飯塚**　半導体の装置の分野は〝錆び〟くらいのところで留まっていると思うのです。しかし、デバイスメーカーの工場は、ちょっと〝竹光〟に近づいているのではないかという心配をしています。日本は製造技術にはこだわるのですが商売が上手くないので、古い製造装置のラインから新世代に更新するキャッシュフローを生めないからです。また純粋に技術上の観点でも、半導体工場に限りませんけれど、量産をしないと量産技術の真の問題は見え難いという要素もあります。

●**出川**　どんどん新しい装置を入れて、苦労して量産していくという気構えと実践が大切ということですね。

●飯塚　10万個体制と１００万個体制とでは、出てくる製造上の問題点は全然違います。それを経験していく場を持っていないと、技術を磨いて最先端に引っ張っていく力は、たちまち錆びますね。

●出川　ただ、飯塚さんのビジネスモデルだとファブレスの発想になりますから、そこは〝錆び〟ついても、あるいは〝竹光〟でもいいんだと、ということになりませんか。

●飯塚　ファブレスとしては、当面はそれでいいのです。製造はアジアに委託するのですから。けれども、先ほども言ったようにファブレスが即ち有利という時代は終わりつつあると思います。これからは異分野の統合力による付加価値の創出が必要です。日本が製品の企画、設計、開発、製造のどの工程で価値を取るのか、あらゆる努力をしないと、いろいろな層での付加価値を取るチャンスを失ってしまう。

●出川　それはまさにポイントですね。そのときの状態の中での努力は、経営者はともかくとして、その中にいる技術者たちはどうしたらいいのでしょうか。広く世の中を見ながら、いろいろなことを試行錯誤する、ということになりますか。

●飯塚　そういうのもありますし、人材の能力の開発が大事です。理科系・文科系という分け方も考えものですね。技術者がいつまでも技術者であるわけではなくて、「理科少年」出身の経営者というのはかなりいい経営者になる可能性を持っていると思うのです。「忘我の境地」にはまり込み、それを制御する能力も持っているし、数値的に分析した論理的なこともできる。そういう技術のバックグラウンドの人は、永遠に技術者のままでいることはないわけで……。

●出川　技術者でもこれから社会を見る目をプラスしていけば、ものすごくよくなる可能性があると。

●飯塚　私がショックを覚えた1980年のシリコンバレーのベンチャーは、理論物理学のPHD持っている人が経営していたりするわけです。それではなぜ、日本のPHDを持った工学博士が、ずっと基礎研究でいなければいけないのか、ちょっと変だと。そういう部分でもショックを受けました。

●出川　日本の大学のドクター課程は、最近はずいぶん変わってきたとはいえ、ひたすら〝狭いところ〟を突きつめた人をドクターとするというシステムですからね。

●田辺　ただ、〝狭い分野〟でも、自分で設定して、そのためにいろいろ研究計画を立てたりすることはできます。まさにこれは経営のトレーニングではないでしょうか。

●出川　目標さえうまく設定すれば、プロジェクト型というわけですね。

●飯塚　重箱の隅をという発想ではない。

●出川　プロジェクトマネジメントの学位を取るというやり方と、重箱の隅をつつく型。

●田辺　いずれにしても、博士取ったら〝狭い〟という見方が日本の企業にはある。そうではないということ、まさにプロジェクトマネジメントを経験しているのだという見方が必要かもしれませんね。

●出川　まさにそういう大学の体制、プロジェクトマネジメントを正面から取り上げることを作っていかなければならないということですね。

❖――教育問題――ドクターの扱い方

●田辺　アメリカは博士号を取った人間をその後「ポスドク」という形で、政府資金による開発や企業との共同研究に参画させ、大学でさらにトレーニングさせます。まさに実践知を学ぶ機会を与える。そこから大学に残ったり、企業に行ったりする。

　ドイツには「フランホーファー」という財団があって、そこに毎年１０００人くらいの「ポスドク」が採用され、数年間安い給料で企業から受託した研究をやったりして鍛えられ、そして実践知を習得し企業に就職するという仕組みです。同じことを台湾もやっています。

　それに対して日本の発想は、企業が博士をすぐ取らないのが悪いとか、大学でちゃんと鍛えないのが悪いとか言い合っている。お互いに責任のなすりつけあいですね。そうではなくて、博士号をとった人財を実践で鍛える社会的な仕組みを世界のいろいろな国はやっているのです。

博士を取ったらすぐ大学や大企業の研究所に行くという従来のパターンだけでなく、もう少し広く活躍してほしい。ベンチャーに行ったっていいし、自分の専門分野以外にいったっていいのです。そのためにも、自信を持たせる、経験をさせる、それが日本には欠けています。大学も当然変わる必要がある。ただ大学が変わったら解決するかというと、それも違いますね。

●**飯塚**　ベンチャーには、少なくともわれわれにはドクターは貴重な人材です。ドクターの学生をどんどん採っていますし、大学に戻したりもしています。大学に戻った先生と、共同研究を始めたりもしています。

●**田辺**　ベンチャーこそ、まさに博士を取った学生が活躍できる場ですね。

●**出川**　まずは先端技術で会社を引っ張っているというわけですね。

●**田辺**　実際のマネジメントをしなければいけない。

●**飯塚**　ドクターは〝ジャングルで生きる〟ノウハウや技をマスターしたはずなのですよ。上司がいてベテランの先輩がいないとやっていけないというドクターも最近増えてきている気がしますが、変ですよ。

●**出川**　それには、先ほど田辺さんがおっしゃったみたいに、自分でテーマを設定できて、それをうまく論文に仕上げて、世の中に認められるという形にならなければいけない。まさにイノベーションですよね。それが、先生方が「俺の研究の一部をやれ」とテーマを与えてしまうと、今の話は成り立たない。

●**田辺**　それほどではないけれど、自分の研究の手足というか、研究ロボットみたいなことを求める先生もいないわけじゃない。

●**飯塚**　学生もその時は楽ですからね。テーマを与えられると、見つける苦労がなくなる。でもその苦労に価値があるのに。

●**田辺**　そういうのを変えなきゃいけないのは確かです。飯塚さんも、修士から博士になるとき、専攻が変わりましたよね。そういうことをどんどんやって、ある種の幅の広さを形成してほしい。

●**飯塚**　先生がよく許してくれたと思います。普通は3年間では学位が取れなくなっちゃいますよ。

●**田辺**　ただ、アメリカでは当たり前です。分野を変える人が多いのです。大学を変えたりとか、専門を変えたりして。博士は〝ジャングル〟を切り開くわけですからね、幅も必要。飯塚さんは日本でそれを実践された。

●出川　分野を変えたほうが、新しいことをできる可能性が増えるわけですね。Ｉの「三異」の異分野統合もそうですけれど。

❖――「40歳定年」にしたら

●田辺　それにしても、日本の技術が〝竹光化〟しているのではないか、というのは重要な指摘ですよ。かつては規模も生産も最先端だった。

●飯塚　実践に使わないとそうなる。

●田辺　アジアから見ると、日本に期待するのは技術という面はありますね。また、マーケットも大きいので魅力がある。

●出川　技術要素などの基盤はある。役に立つかどうかは別として品揃えはある。それからハイテク、新しい技術の品揃えもある。でも、そのつながりがない、と。

●飯塚　伝統の企業が沢山死蔵している知的財産権をベンチャーに格安のロイヤリティでどんどん利用させて、事業に使わせたらいい。知財の有効期間は20年で終わっちゃうのだから、誰かが使わなければ意味がない。

●出川　会社が事業をやらないなら、定年の前に、それを持たせて、退職金にプラスして５００

万か1000万を与えて、自分達で事業をやれというのも手ですよね。

●**飯塚** ある大手人材開発会社なんか、40歳定年ですよ、持参金つきで外に出る。

●**出川** それを「卒業」と呼んでいるようですね。

●**飯塚** 持参金つきですよ。残ってもいいのです。

●**出川** 残っても大変でしょうが（笑）。

●**飯塚** そうすると送り出す企業の平均年齢が低く保てますね。

●**出川** なるほど40歳定年制。残っても自動的に上がらなくなっちゃう。

●**田辺** 流動性を高めていますよね。

●**飯塚** 若干乱暴だけれど。

●**出川** 日本の製造業も、うまく仕組みをつくれば「40歳定年制」にしていいのではないかと思うんです。

●**田辺** 極端にいうと、役人も〝天下り〟がだめというのだったら、それをやればいいですね。

●**飯塚** 人が動くと、技術もノウハウも動くのです。「リニアモデル」が盛んだった頃でも、研究所から事業部に開発した人が動いたほうが、商品化が早かったのです。基礎研究所にいて、ラッパを吹いて遠隔操作して事業化やっているような技術は、なかなか商品化できません。みんな

「ここで開発したわけじゃないのに、あいつの手柄のためになんで俺だけ汗をかくのか」というわけですよ。同じ企業の中で。

●出川　同じ企業だからこそ、身内の差異化を認めたくないという思いが強い。

●飯塚　本人が動くと、それが言えないですものね。

●田辺　活気がある企業では、社内で動けるとか、研究所から事業部に動くだけじゃなくて、新しい事業をやるときに、やる気がある人、リーダーとしてやる人、関係する人を社内、社外から集めてくる。これができるかどうかです。

❖——トライ&エラーを、ローコストで、高速に——ベンチャーの役割

●飯塚　日本は原点に戻れば、人材しかいない国なのです。資源がないのだから、人をどう活用して、一人当たりのＰＰＰを上げるかというのは、繰り返しますが、国家の存亡を決する原点なのです。

●出川　私が東海岸のベンチャーと仕事をして感じたのは、彼らはみんな一流企業の開発部門をクビというか〝卒業〟した連中の集まりなんですけれど、まさに「災い転じて福」にしているのです。どうしたかというと、本当に先端的な技術者、新しいことができる人は、どの企業でもひ

とりずつくらいしかいない。それがベンチャーを作ったら、そこに３人も４人も集まる。これは大企業にいたときより、さらに強くなるわけですね。すると、いろいろな企業がそこに開発を委託するに決まっている。

●飯塚　そりゃあ中途半端じゃないですよ。国家レベルでＲ＆Ｄ（Research and Development）事業をアウトソーシングできるわけです。国家レベルで人が集まって、資金も同じくらいの規模とスピードで集まる。

●出川　そういう流動性が、日本には欠けていますね。

●飯塚　かたや、５、６万人しかないのに「大企業」と思っても、新しい分野でのイノベーションに従事できるリソースは質も量もとても限定的で、いわば国家レベルでＲ＆Ｄを外注する仕組みの国のイノベーション力には勝てるわけはないのです。

●出川　そこのところが自称「大企業」の……。

●飯塚　大いなる勘違い。

●出川　大企業意識をなくして付加価値をつけるためにはばらばらにしなきゃいけない、という時がきているのでしょう。

●田辺　いずれにしても、アメリカの短期間でわっとやるやり方、あれすごいですね。

●飯塚　ベンチャーというのは、トライ＆エラーを、ローコストで、高速にやる役割。拝金主義なんて、とんでもない、それは一つの副作用でしかない。しかもいい人材とリスクマネーでやる。

●田辺　お金の面ではリスクを取らせていない。

●飯塚　そんなところで、妻子に深刻な顔をして相談するなんて、おかしな話です。

実はイノベーションを創出する上で、このトライ＆エラー（試行錯誤）の数が増やせるか否かは非常に重要な課題です。時代がますます不透明になってきて、次世代の成功モデルの予測は机上のシミュレーションのみではますます難しくなっている。

❖――マッチングするのは個人

●田辺　そうやって高速でトライ＆エラーの数を増やすために、ベンチャーに対して、いろいろなパートナーを紹介する機能があってもいいのではないかと思います。ベンチャーは保有するリソースが限られているので、さまざまなパートナーと組む必要がある。米国にはベンチャーキャピタルだけではなくて、大学が出会いの場となっているなど、ベンチャーとパートナーをマッチングするプラットフォームがあるのではないかと考えています。日本にいながら世界と組む。日本の中で組むのがむずかしければ、世界のパートナーを紹介するメカニズムというか。まさに飯塚さんがやられていることだと思うのですけれど。日本のベンチャーキャピタルとか、大学もですが、本当はそれをやらなければいけないでしょうけれど、できていない。

●**飯塚**　現在の成功のための必要条件は、海外の企業をふくめることです。

●**出川**　世界中のパートナーを見つけるのは飯塚さんの場合は、やっぱり個人的なつながりなのでしょうか。現実的にそのシステム化はむずかしいでしょうか。

●**飯塚**　そんなシステムがもしあれば素晴らしいですが、私の場合は個人的なルートの手作りの拡大作業でした。

●**出川**　信頼関係を積み重ねながら広がるということですね。これに尽きるのでしょうか。

●**飯塚**　そうだと思います。さきほど、サムソンの話をしましたが、台湾にも友人がいて、台湾で合弁会社を上場しています。上場させた企業は台湾にもあるのです。

●**出川**　まさに信頼関係があるわけですね。

●**飯塚**　そこから、ＴＳＭＣ（Taiwan Semiconductor Manufacturing Company）やＵＭＣなどともつながりができていきました。

●**出川**　アメリカでも、結局人間関係というか信頼関係でつながっていますね。でも、みんなが集まるミーティングとか、場をつくるシステムらしきものもあるのですよ。

●飯塚　そうですね。基本的には、人間関係構築を促進する仕組みだと思います。

●田辺　人間関係の構築をどうやって促進できたのでしょうか。

●飯塚　台湾の連中は、日本のように安定していなかった国ですから、優秀な人材が米国で学び、米国で就職して経験を積み、台湾がある程度インフラができた頃に戻ってきて今の繁栄を作り上げてきた。それで今は中国が対象。彼らは、米国と中国にネットワークをぎっしり持っている。日本はややもすると蚊帳の外になりかねない状態です。日本のみが海外留学生を激減させていま す。

●出川　彼らは、どこがどうなってもというリスクヘッジもかけている。

●飯塚　個人的な人脈です。国が何かしてくれるということもあるのかもしれないけれど、基本的には個人的なそれです。

3　経営環境を考える

❖——トップ人材市場

●出川　これだけイノベーションに対するシステムがガタガタといわれている日本ですが、逆にいえば、今それを直すとすごくよくなるのではないでしょうか。

●田辺　まさしくそうだと思います。時代に合わない不適合のシステムでも、現在の状態ですから。

●出川　ネタはそろっていて、あとはどうやって直したらいいかというと、国に直せと言っても直らないからどうするか？

●田辺　それは、トップ経営者が意識を変えなきゃだめなのです。

●出川　あとは飯塚さんみたいな方が、どんどん増えないといけないのですが、それにはどうしたらいいのですか。たとえば飯塚さんが経営者同士で話していて、どうでしょう。皆さん変わりそうですか。

●**飯塚**　もう少し経営者の流動性というかダイナミズムがあってもいいのでは。前にも言いましたが、この変化の激しい時代に生え抜きの人々が順番に2年で交代する、まるでディズニーランドの「待ち行列型人事制度」は経営責任期間も短かく、あまり良くないのではないか。

●**田辺**　ディズニーランドで人気のアトラクションに1時間とか並んで、乗るのは3分くらい、というのと同じ（笑）。

●**出川**　着いたら、あっという間に終わってしまう。ただ逆にいうと、それでもここまでよくぞもっているのが日本。

●**田辺**　あともうひとつ、これは極端な話ですけれど、飯塚さんのような人に民営化した郵政会社の社長だとか、そういうのをやっていただきたいですね。

●**飯塚**　それは別にして、流動性が悪いし、経営者の市場がないですよね。

●**田辺**　経営者も下から上がるだけじゃなくて、外部の人材をリクルートできるようになれば、企業は変わりますね。

●**飯塚**　たとえば日本航空ですが、あれだけ誉が高かった企業が、優秀な人材を一手に集めながらも、倒産してしまい、これを立て直す人に大先輩の稲盛和夫さんをつれてきた。アメリカだったら１００人以上の応募者が手を上げますよ。これはなんなのだろうと思いましたね。稲盛さんは偉大な人だけれど、日本中に若手の人材がいないわけじゃないのに、人材があたかもいないような構造になっている。

●**出川**　よっぽど育ちの背景が悪いのか？　どうしてでしょう。

●**飯塚**　ベンチャーをやってきた人間に言わせれば、腹立たしさというかもどかしさを非常に感じます。あれだけ日本人の尊敬を集め、優秀な新卒人材を集めて、小さな企業を下に見ていたかどうかはわかりませんが、高いコストで競争力を失って倒産して、税金をつぎ込ませる。破綻、整理となると国内外の膨大な取引先への影響が大きすぎて難しいところもあるのでしょうが、とても複雑なものを感じます。

あれは日本の産業構造の生み出すシンボリックな現象ではないでしょうか。社内には優秀な人が唸るほどいらっしゃるはずですが、倒産の前に改革のために手を上げた人はいなかったのでしょうか。

●**出川**　それを修正するには、ベンチャーを作って、外へ出てそちらが価値があるということを見せなきゃいけないというのが、アメリカのひとつのパターンですよね。

●**飯塚**　大企業が悪で、ベンチャーが善であるというのではなく、両方あるべきですよね。両方に活力があるほうが経済地域として有利なはずです。

●出川　日本には潜在的にはまだ両方があるはずですよね。

●飯塚　私には両方なくなっていると思います。ベンチャーがないことが、大企業を弱くして、活力のある大企業が少ないことがベンチャーを育ち難くしている。

●出川　かつての大企業はゆとりがあったのです。今はカツカツになっている。両方危ない。

●田辺　要は、連携して世界に立ち向かうということになっていないということです。

❖高齢化社会対策として

●飯塚　大きな課題もあります。やはり高齢化は巨大なインパクトがあるのです。いずれアジアも経験する苦しみですね。

●出川　それにしても、企業はこれだけ高齢化するのに、なぜ定年制をはずさないのだろうか、と思うのです。

●田辺　一律にはずすのではなく、ケースバイケースで雇えばいいのです。60歳を過ぎたら、会社に残りたい人はそのまま続ける。そうしないと「悪平等」なのです。

●出川　もっというと、私は極言すれば40歳のときに全員クビにして、必要な人、希望する人を再雇用すればいいと思います。

●**編集部**　さきほど「40歳定年制」の話がちょっと出ましたが、再雇用されるのを選んだ人は、あとはエンドレスで働けることにする。

●**出川**　そうです。もっと極端にいうと、40歳を過ぎたら全員個人事業主になりなさいと。それではなぜ反対が起こるかというと、家族を育てなきゃいけないのに、たとえば3割の人は給料上がるけど、7割の人は下がってしまうことが起こるからです。私が社外ベンチャーを作ったとき、結構自由度があったので、能力に応じた給与制度をメンバーに提案したのですが、結果的にみんな大反対しました。3割の人は上がるけれど7割の人が下がるので、みんな反対になってしまう。それじゃベンチャーを作った意味がないじゃないかと（笑）。そういう痛みを乗りこえないと、イノベーションはできない。

●**田辺**　言い方が悪かったんじゃないですか。「みんな今よりは上がる、ただし成功すれば」と（笑）。

●**出川**　そこでわかったのは、飯塚さんの会社ならそれができるのです。まさに全部を上げるようなオーナーシップがあるから全部決められる。私の場合は１００％子会社だったから、リソース配分が最初から全部決まっていた。その分だけ絶対つぶれない、と安定はしているのです。それはバーターだから、つぶれたらひきとってくれるわけです。けれどリソースは決まっているので、下がる人が多くみんな反対となった。できる人まで、こんどは妬まれるのをいやがったのです。

●田辺　日本人のいいところでもある。

●出川　私も日本のいいところだと思うのですが、それではどうしたらいいでしょうか。全体がリッチになるのが目標なのですが、飯塚ベンチャーならそれができる可能性が大きい。

●編集部　でも、日本全体がベンチャーになってしまうわけにはいきませんよね。

●出川　ある程度、歳を取った人は、全員個人事業主になってもおかしくない。

●田辺　60歳を過ぎたら自然になりますよ。

●出川　もうちょっと早くなってもいいかもしれない。

❖人材の流動性を高めるには

●飯塚　基本的に給与レベルは、「アジア化」すると格差が増えます。

●出川　ということは、自信のない人たちが気にしたように下がる人が増える。

●田辺　上がる可能性もある。つまり下がっても、頑張れば上がるということです。

●飯塚　上がる人と下がる人との格差が広がる。

●田辺　「ここでは低い評価だけれど、他に行ったら評価される」と考える人は転職すればいいのです。中国の中で起きているのは、まさにそれです。自分を高く評価してくれるところに行く。より上位のポストにつくために、出て行くのです。

　このような社会がいいのは、企業からみたら、給料さえ払えば能力がある人は必ず採用できることです。働くほうも、会社でたまたま変な上司についたりしたら評価が低くなりますが、出て行けばちゃんと評価してくれる可能性がある。お互いにいいはずなのです。

●出川　１９８０年代のアメリカがそうでした。みんな自分の待遇や上司がいやだと言って不満を言うわけです。そして１回やめるわけですね。違う会社に行く。次の会社に行ってもやっぱりアホだと言ってやめるわけです。３回目くらいになると、さすがに自分が悪いとわかる。それで猛烈に勉強しだすのです。そういう利点もある。

●田辺　アジアもよく転職します。外資系企業が多く進出していることも、その理由のひとつだと思います。アジアのなかで日本は流動性が極端に低いと思います。

●飯塚　もっと外資が日本に来てくれれば良いのですが、残念ながら魅力がないから来てくれないどころか日本から引き上げている。

❖——日本は〝鎖国状態〟

●出川　今後付加価値を生むべき研究開発についてもそうですね。

●飯塚　日本は本当に〝鎖国状態〟、特殊な国です。

●出川　自動的にバリアを作ってしまった。

●飯塚　鎖国とは宣言していないにもかかわらず、誰も来ない。

●出川　私がもしイノベーティブなベンチャーをやろうとしたら、正直言って、今の知的財産制度状態の日本に研究所は作らないでしょうね。あんな制度が残っていたらこわくてできない。

●田辺　外資の研究所が来ないというのはその問題なのですね。税金だけの問題じゃないですね。

●出川　そこの点について、特に職務発明制度についていうと、研究者は、だから日本は発明者の権利を大きく認めていい国だと勘違いしています。そういう人には、優秀な人の職場はどんどん減っていると言っています。そうするとあっと気がつくのです。資本主義に遅れた国だから、昔のドイツと日本にはそういう職務発明制度が残っていた。ドイツはかなりオープンになったけれど、日本には残っている。少しでも権利をキープしてあげないと研究は育たない、と国策としてドイツがやって、それを日本は真似したそうです。そういう時代は終わったのに、日本には制度だけが残ってしまった。

●田辺　外資系が来ない日本というのは、ベンチャー企業にとってもものすごく環境が悪いということですね。外資系が喜んでくれるような環境にしないと、日本のベンチャーも発展しない。

●飯塚　そのとおりです。

●出川　シンガポールに2回行くよりも、東京に1回来たほうが得だというベンチャーが増えない限り、発展できないですよね。

●飯塚　日本もアジアの一角にある国なのだから、そういうことを志す人が日本のハンディキャップを越えて、アジアのチャンスをつかまえればいいと思います。日本の空洞化を考慮しながら、台湾や中国で挑戦するのも一つのチャンスを作る手段ではある。

❖——起業家精神は「他人実現」

●出川　今の日本に、いろいろな課題がある。そういう環境の中で、起業家精神というのはどう考えたらいいでしょうか。ハングリー精神ではなく、いろいろな人の協力を得ながら、わくわく感を実現する。これは、田辺さんのいわれる「他人実現」でもありそうなのですが……。

●田辺　今、途上国で「社会イノベーション」というビジネスモデルが拡大しています。社会問題を解決するためのベンチャーで、それに取り組む人は社会起業家と呼ばれます。貧しい人のビジネスに小額融資するマイクロクレジット事業を行なっているバングラデシュのグラミン銀行はひとつの例ですけれど、貧しい人を助けようという思いがある。途上国のカスタマーを明確にした社会貢献ビジネスですが、NPOのような社会貢献じゃないですよ。

●出川　でも「社会貢献」という言葉は、誤解されそうですね。

●田辺　「助ける」といっても、儲けないのではなく、儲けるのです。米国に途上国から働きに来た人が、故国の家族に送金しようとすると、銀行間だと高い手数料を取られる。その解決のためにインターネットを使って、途上国にあるグラミン銀行のようなマイクロクレジット機関と組んで、送金手数料を半額にした日本人の社会起業家がいます。

この方は50歳で日本の銀行をやめ、米国で会社を設立し、この事業を始めました。多くの困っている人が安く送金できるようになり、事業としても成功した。社会問題を解決するという使命感の実現であり、他人の喜びを実現するという「他人実現」とともに、喜ばれる事業を実現する、わくわく感のある「自己実現」だと思います。

●飯塚　「社会起業」というのは今注目されていると思いますね。

●田辺　ビジネスとして成功することが、社会問題の解決につながるわけです。

●**出川**　なるほど、「自己実現」はまさに「他人実現」なのですね。

●**田辺**　そうです、顧客の喜びを実現することです。

●**飯塚**　さきほども、ノーベル化学賞の野依さんの考えとして、「自己実現」というのは人生の半分でしかない、ということを話しました。自分は十分燃えた、自己実現が半分だとすると、残りの半分は次の世代を燃やすことになります。それが「人資豊燃」。自動詞が半分、他動詞が残りの半分なのです。

●**田辺**　私は、世の中をよくするとか、楽しくすることが、実は自分の喜びでもある、と考えています。つまり、研究であれビジネスであれ、自己実現すること、自分が燃えることは、結局は誰かの価値を創造しているということなのです。ビジネスで成功することは、誰かの喜びとつながりますし、結局それが自分のやりたいことでもあるわけですから。

4　イノベーションの可能性を広げるために

❖――理系・文系という区分

●**出川**　すでにIで「技術」と「顧客」の問題を議論しましたし、さきほども分類することが目的でなく何をするのが大切という議論がありましたが、理系・文系という分け方自体が、もうそういう時代じゃないのかもしれません。そのへんについて、ちょっと議論すると何かでてくるのではないでしょうか。

私も分類する時代ではないと思っているのです。経営者も、技術者も、あるいは営業マンとかそういう人も、理系・文系という発想をなくしたほうが、イノベーションに結びつきやすいのではないでしょうか。ただ皆さんに「理科少年・少女の心」だけは大事にしてほしいという意識です。

●**飯塚**　技術者は理系なのでしょうけれども、そもそも大学で理系・文系と分けているのは、何のためなのだろう。MBAは理系ですか、文系ですかという問いには、答えられないでしょ。

人間の頭脳は、理系・文系に分けられるほど単純ではないと思いますが、「理系」と呼ぶかどうか別として、分析的な思考力やツールを駆使する力、そうした才能を持った人間は経営にも有利な立場にある、という認識が私には強くあります。

●出川　もともと「理系」というのは、中国の官僚制度の中で文官が理系の人たちを職人としてしか扱わないための仕組みだという話があります。今われわれの付加価値の源泉の議論は理系的な内容としての技術が中心なので、文系の人ももうちょっと技術を勉強したほうがいいよねと思います。そういう意味では、理系に分類される人たちももっと、文系といわれることを勉強しなきゃいけないのですよ。そういう機会も大学で少ない。たとえば、理系で会計学（アカウンティング）なんかやっていると、あいつおかしいといわれることがありますが、それこそがおかしい。

●飯塚　アカウンティングなんて、理系そのものです。あんなにおもしろいものはないですよ。

●出川　飯塚さんらしいですね。アメリカの大学では、エンジニアリングの学生が、平気でアカウンティングの講座を取ったりする。

●飯塚　複式簿記くらいおもしろいものはありません。

●出川　そのあたりが、私は「区別」というよりも、ある種の「差別」があったと思うのです。昔の工場では技術者として働け、職人として働けという意識があった。そういう意味で、日本全体にとって技術者も職人から脱して、特にイノベーションにとっては、そろそろ文系・理系というのを取っ払えばいいんじゃないかと思うのです。

●飯塚　Ｉで話しました「三異」の2番目の統合力については、純粋にこれまでの狭い意味での理系という発想だけだと、むずかしいわけです。そこにかつて文系といわれたようないろいろな知見を入れる必要があります。

❖——「理系」はもっと自信を持つべし

●田辺　私も理系・文系という区分けには意味がないと思っています。特に工学系、エンジニアリングという領域は、世の中の問題のソリューションを考えることです。これには理系という枠は不要です。なぜなら、世の中の企業でやっていることは、全部ソリューションを考えることじゃないですか。

●出川　昔は技術だけでソリューションを考えていたたし、それで結構役立っていた……。

●田辺　技術は道具ですから、必要なら技術を買って、世の中の問題を解決する。会社の中でも問題解決する。問題解決はものすごく工学的なのですよ。

●出川　まさにエンジニアリングなのですね。テクノロジーだけじゃない。

●田辺　だから、理科系をやった人は、もっと自信を持っていいはずなのに、自分で専門性に閉じこもっている感じがするのです。そこがちょっと物足りない。

●出川　企業の中で、研究開発系の人に、事業化のプランを作ってもらうと、技術だけで解決しようとするんです。おまけに、自分達の持っている技術だけでそれをしようと考える。だからマーケットはたくさんあるのに、売上見込みが伸びないのです。その発想を変えようと、まずは外の技術も使おうと提案したことがありました。

それからもうひとついうのは、技術だけで解決できないならサービスで解決しよう、違うアスペクトでやろう、もっと違うマネジメントで変えようとかやるのですけれど、これが純粋研究開発系の人には伝わらないのですよ。そういう教育も受けていないし。

●飯塚　台湾の企業を買収して、この要素を組み合わせてとか、香港の会社で組み立てさせてとかいう発想が、全然できないですね。

●出川　普通ですと日本の企業は、経営者でも全然できません。できなくて中だけで偉くなった人もいるから、グローバル展開をどうやっていいかわからない。要するに、外国に仕事を出せばグローバル展開、アウトソーシングをグローバライゼーションと勘違いしているわけですね。

●飯塚　Iで「三自前主義」と言いましたが、誤解されやすいのは、何でも自前主義のように勘違いされることです。自分で持つ必要のあるのはこれだけで、他はアウトソーシングがいいよ、というところが誤解される。「オープンリソース」と言われていますけれども、ブラックボックスを確保しながらオープンイノベーションを実現するのがいまの日本の重要な課題ですから。

●出川　役に立つ自前のものはあったほうがいいのですが、なんでも自前で持ってればいいという話でもない。

●飯塚　オープンと自前のクローズとをやらないと可能性が広がらない。

●出川　大企業は特にそうですけれど、技術はなんでも持っていればいいと勘違いしてしまい、逆にそれにしばられてしまう場合も多いのです。

●飯塚　そこはライセンスするなりして、どんどん使わせて、別の組み方とかを考え、より広範なリソースを組み合わせる必要がある。

❖――イノベーションと「未来」の事象

●出川　イノベーションを実現するためには自分達が世の中に役立つことを自ら「取りに」いかないといけないですよね。そうしないと、イノベーションなんて起きない。新しい結びつきの組み合わせを見つけ、世の中に役に立つようにするのがイノベーションかと……。

●田辺　イノベーションは、シュンペーターが「新結合の遂行」と言っています。「遂行」、つまりやり遂げるというのが重要です。

●出川　役に立つところまではいかないのでもいいのでしょうか？

●田辺　やり遂げれば、役に立つのです。つまり新結合というのは普通なかなか実現できないのですが、ちゃんとやり遂げることで、新たな顧客価値が実現する。

●飯塚　実行が伴わなければいけないのです。

●出川　そこはトライ&エラーということですね。誰も気がつかないのだったら、案外価値が見えなくても、結果的に価値になる。いろいろなパターンがあるでしょうね。

●田辺　「理科系の人は手堅い」という見方がありますね。本当でしょうか。

●出川　それは、過去をきっちり分類、データを蓄積して、論理的に積み上げることを教育されているのです。でも、「未来」から見るパターンというのは、ほとんどやられていないのです。だからできないのですが、もともとの理系というのは夢を追う面もあるのです。

●田辺　工学系は、「未来」を見通して、「未来」にどういう問題が起きるとか、「未来」はどうしたいということを考えて、「現在」からソリューションを考えるでしょう。そうすると必ず「未来」を考えなければならないはずですね。

●出川　日本の問題点はそこにあったのでしょう。生産技術ではそうじゃないのですよ。そこが〝工場主流〟の日本の特徴でした。工場がプロフィットセンターとして利益を生んでいた時代は、「未来」なんか見ないで「今」を見なさい、といわれたわけです。ところが、プロフィットセンターが新規の事業とかそっちに変わったときには、「未来」を見なければならなくなった。
　ですから、いろいろな企業で「ロードマップやビジョンというのは、『未来』からみたほうがよい」と言っても、みんな「過去ベース」のスケジュールを組むわけです。だからかたすぎるというか、やる気にならないものしかできない。

「未来」から見るという訓練をされていないから、お客さんが未来に何を求めるかをなかなか考えられない。そのベネフィットを未来から見てあげなさいと、そこまでフォーマット化して教えないと、できない場合が多いのです。

❖――ブリッジングする

●田辺　人が言ってくれない中で、何が求められているかを見出すことが大事ですね。問題があってこれを解きなさいといわれて問題解決する、というのではちょっとまずいですね。
●出川　顧客も気づいていない顧客の価値をどうやって見つけるかというのが、今最大の問題です。

●田辺　見つけ方も、解決方法もいろいろなやり方があって、正解はありません。それはトライ&エラーでやるしかない。でも、正解を求めようとする人が多いのですね。教育の問題かもしれません。

●出川　大企業の中の優秀な人たちは正解を求めるタイプなのです。中小企業にいくとさすがにそんなことはない。それよりももっともっと具体的にどうするのですか、と。両極端になります。だからこそ私は、今日本というのはおもしろいと思うのです。ここをうまくブリッジングする、つなげるとおもしろくなる。いろいろなものが揃っている社会ですから。

●田辺　つなげる役割の人が少なくなっているのではないかと思います。たとえば昔は〝仲人〟という存在があって、結婚につなげていた。最近は、あまり聞かなくなりましたが、それと同じように、ベンチャーも大企業もつないであげなければならないのに、つなぐ人がいなくなっているのではないかと思います。今は自分さえよければいいというふうになっている。

●編集部　銀行がその役をやっていたというお話が、さきほどありましたね。

●飯塚　そういうつなぎ役をされる銀行さんがあって、それはすごいと思ったことがあります。私どもの取引銀行さんもいろいろなパートナーさんをつないでくれました。銀行さんが持っておられる数多くの取引先の中から我々とシナジー効果が生まれそうな企業を紹介してくれたのです。

●出川　そこが銀行本来の付加価値ですね。

●飯塚　そうです。例えば加賀電子さんとかシリコンテクノロジーさんとか、今も協力関係が継続している所が少なくありません。

●田辺　最近の銀行は、つなぐことをやらなくなったんじゃないでしょうか。シリコンバレーでは、つなぎ役を果たす人がいっぱいいるのでしょう。日本でも、もしかしたら大学がそういう役割をできないでしょうか。つなげないかもしれないけれど、場を用意する。

ベンチャーには、適切なタイミングで適当なパートナーをいかに見つけるかが重要です。開発段階、事業化段階、産業化段階とステージが変わると違うパートナーが必要ですから、そのときにうまくつないでくれるといいのですが。

●出川　ただ、つないでも価値を得られない、つなぐだけではお金が取れない、ということがあります。〝仲人〟さんは、お金でやるものではありませんからね。そこのところをやっていると、なぜかはよくわからないのですけれど、手間ばっかりかかって儲からない。

●飯塚　紹介したときの費用は出ないですね。

●出川　技術系のほうは、だめなのです。それが金融系は、紹介料をうまく取る仕組みを作っているといえます。

●田辺　アメリカだったら、紹介するとストックオプションをもらうことができるでしょう。

●出川　ストックオプションは、かなり〝内部に入らない〟ともらえないのが普通です。紹介だけじゃだめなので、日本の仕組みがそうなっています。

●飯塚　紹介していただいたパートナーさんもありましたが、われわれに投資したところの多くは、ＮＥＣも日立も川崎製鉄など、直接当事者同士の働きかけが始まりですね。投資については少しのシェアずつ競合関係のある所にお願いするということもしました。

●田辺　それは重要な戦略ですね。

●飯塚　紹介してもらうのもいいけれど、Ｍ＆Ａ先と同じで自分で探さないとね。

●出川　うまくやっているところは、結局自分でそうやって全部開拓しているのですね。

❖──役所の使い方

●田辺　経済産業省や自治体がベンチャーにひとりずつ担当者をつけて、一緒に回るくらいのことをやるとおもしろいんです。今経済産業省は、「産業クラスター計画」というのをやっています。各地域で有望な中小・中堅企業を選び、応援しています。たとえば、年2回経済産業局の担当者が訪問し、何か困っていませんか、困っていたらパートナーを紹介しますと、〝御用聞き〟に行っています。こうした活動を個々の企業に行なうのです。

●出川　何年か前に、私は似たような話を考えたことがあったのですが、役所の人たちは一私企業のためにそんなことはできないと、にべもなかったような記憶もありますが……。

●田辺　10年前まではできなかったと思います。以前から大企業とは密接に意見交換をしていました。

●出川　国民のためになるからと、大企業に対してだけ。だからそこがまだ本当に切り替わっていないかもしれません。本当はそういうのが経産省の役割なのでしょう。

●田辺　シンガポールはやっています。シンガポールはビッグビジネスの可能性のあるベンチャー企業を、政府がさまざまな面で応援しています。

●飯塚　ベンチャー企業はそういうのを期待しちゃいけないでしょうけれどね。依存心を持ってしまう。国がやってくれないとか、「くれない人」的企業になってしまってはいけないのです。

●田辺　おもしろい例に、私が中国地域の経済産業局にいたときに、鳥取の元気のいい企業の方々と懇談したことがありました。「なんでも相談してください」と言ったら、しばらくしてある中小企業から「京都の経済同友会の代表幹事を紹介してください」という依頼があり、近畿経済産業局を通して紹介したところ、「じゃあ仕事をやってください」ということになったそうです。2つの経済産業局がつないだ企業ですから、へんな企業じゃないだろうということだったと思います。その企業は、その後、銀座のブランド店の仕事をするなど発展しています。

●**飯塚**　熱意もありますね。

●**田辺**　それで、つながるのです。こういうことができるのですよ、役所は。役所は個別の企業を応援できるのです。

5　発想力

❖——ものごとを単純化する能力と臨機応変

●**編集部**　そろそろまとめに入っていきたいと思います。「理科少年」というテーマについてうかがえたらと思います。

●**飯塚**　私なりに思うのは、演繹と帰納ができること、その訓練を受けた人を優秀な「理科少年」

ということができると思うのです。世の中を理解するのはすごくむずかしいのですが、単純化《シンプリファイ》して理解しようとするテクニックが理科で使われている手法です。世の中は複雑すぎるから、あえて近似とかシンプル化して、単純化してとらえようとするのが自然科学や物理学です。

そんな思考の技術をマスターした人が、企業経営することが有効ではないでしょうか。帰納法的なシンプリファイする能力が、非常に大切だと思っています。

●**出川**　シンプリファイしないと、全体の軸が見えにくいのでしょうね。

●**飯塚**　シンプリファイする中で、軸を作れる。

●**田辺**　まさにシンプリファイして、経営に役立てるということですね。アメリカはビジネススクールでシンプリファイした理論を、みんなに教えて経営ができるようにしている。

しかし、経営ではやっぱり人間が主体ですから、単に自然現象の抽象化だけじゃだめなので、人間に対する理解などが必要になります。

●**飯塚**　経済は、物理学と心理学、特に心理学が支配力を持った学問ですよね。人間というのは、非常に非論理的に心理的に動くじゃないですか。

●**田辺**　両方統合化しなきゃいけないのでしょうけれど……。

●**飯塚**　あんまりそこを分類しすぎないほうがいいかもしれませんね。

●編集部　モデル化し、公式にしたものを固定してしまうと、公式主義者になったり、原理主義者になったり、教条主義者になったりするのだと思います。それは文系だろうが理系だろうが、ものの見方を狭くする悪い典型だと思うのです。

●出川　一般的には守りに入る、過去のことを大事にしすぎると教条主義になると思いますね。フロントランナーになればなるほど、「先」はわからないわけですから、教条主義ではできません。だからフレキシブルになる。イノベーションというのは「未来」のことですから、やはり教条主義ではできない。守りじゃなくて攻めなのです。

●田辺　臨機応変《セレンディピティ》が重要というのは、まさにそれです。チャンスとか不運とかいろいろなことに対し、臨機応変にやっていく。

●飯塚　すると、アンラッキーな反応をラッキーに変えることもある。いつまでも良いときはないし、いつまでも悪いときはない。

●田辺　不運なときに前向きに取り組むとか、その中でベストを尽くすことが重要ですね。

●出川　これは仮説ですが、そのエネルギーに、私はさっきの「フローの状態」が入ってくるのではないかと思います。

●飯塚　フローの状態、無我夢中というのは、集中力と言い換えてもいいのですけれど、ブレークスルーを余儀なくされるところから出てくるのです。「解」があるはずないだろうというときに、必ずある種の狂的な心理状態になりますよね。狂的な状態というのは、つらい。寝ようとしても寝られない。方眼紙やらＰＣの画面やらが夢の中に出てくる。そういう状態を通り越さないと、いいブレークスルーは出ない。そんなときにふっと、こんな「解」があるんだ！　ということになる。

❖——金の使い方

●**飯塚**　それから経営では、やはりオーナーシップが非常に大切です。個人とお金と区別して、「法人マネー」とよく言われますが、同じ「円」なのにオーナーシップという意識がないと自分の金と違った感覚を抱きやすい。私は、生活費と同じ、ちり紙を買うのと同じ単位のお金だという感覚で「法人マネー」を使う人たちを作ろうとしています。「継承」にとって最も大切なことの一つで、これはチャレンジですよ。

●**出川**　このシリーズの２冊目を書かれ、ベンチャー企業をいくつも作ってこられた本間孝治さんが、まったく同じ発想をされています。会社はどんどんお金が入るのですけれど、常に新しい小さな会社を作り、大きい会社も小さい会社も「お金」の価値概念を共通にしているということですね。だから無駄なことをしない。ケチじゃないのです。リーズナブルじゃないことは、絶対やらない。そのへんが飯塚さんのマネジメントの感覚と似ています。

●飯塚　自分の小さな企業の複式簿記の仕事は趣味でやっていますが、あれは我を忘れるフェーズがありますね。忘我の時間。小さな個人企業ですから、1カ月の経理処理が数時間ですみますが、その瞬間って、あっという間に経ってしまいますね。あの作業は自分のお金の概念をチェックする機会のような気がします。

●出川　つながっていますから原点ですね。私も規模は違いますが自分の会社の会計は最後だけ会計士に任せて、全部自分でやります。年に2回ですが、あっという間に時間が経ちます。それをやっていると、次の年のイメージが出てくる。

●飯塚　数字でもなんでもそうだけれど、手足を動かさないと、少なくとも私は実感がわいてこない。肌で考えているのでしょうかね。私は給与計算と経理計算はできますよ。

●出川　そうすると、的確な指示が出せるのですね。

●飯塚　Iのところで、継承の話をしましたが、「法人マネー」と「個人マネー」の区別のある人には、継承しないという話をしたのです。これは公私混同しなさいという意味ではありません。研究開発費の3000万円とか1億円とかいうのも、家の近所で豆腐を買うときと同じ「円」だという感覚を持っていない人には、絶対に譲らないと言っています。

●出川　まさに無駄遣いを防ぐワザ、金銭感覚を麻痺させるなという話なのですね。おもしろい、さすがですね。ザインエレクトロニクスの秘密がわかった気がします。

●飯塚　しかし、実際にはむずかしいのです。では実際にはそれをどうやっているかというと、その文言を繰り返しているだけではだめで、3億の設備を本当は2億でできるのではないかということを、どのくらい真剣に追求できるかという努力です。そこではγ係数で賞与の分配を議論することや部門経営の考えの徹底が生きてくるのだろうと思います。

●出川　自分の金だと思ったら、これは1億以下でできないかと必死になりますが、人の金だと思ったらそうはいきませんものね。

●飯塚　役人に多いと思いますが、利益を最大にするというのではなく、もっと楽にやりたいとか、もっと短時間でやりたいとか、自分はきついから早く帰りたいというようなところにインセンティブがあると、成り立たないのです。

●田辺　だからサムソンの値切り方というのが重要なんですね。

●出川　そういう人を重宝するというマネジメントをされている。それが「大企業病」を防いでいるのでしょうね。

❖——各世代へのアドバイス——まずは学生に対して

●出川　最後に、これからの人たちに、どうしたら発想力が豊かで、イノベーティブな生き方ができるか、何かアドバイスをお願いします。

●飯塚　一所懸命生きていたらたくさんやるべきことがあります。真剣に楽しいことを追求すればいいんじゃないですか。そうしたら自然に悩みも付いてきて、修羅場とも出会う。

●出川　ここでは特に10代の若者、高校生くらいの年代層にアドバイスはありませんか。

●飯塚　やっぱり好きなことに、思い切り没頭する時間を大切にしたほうがいいですね。自分の好奇心を大事にして。子どもは、怪しげな好奇心のほうに引きずられて行くという危険性もありますけれど。

●出川　自然に親しむ好奇心ということですね。

●飯塚　立花隆氏もどこかで、どんどんいろいろなものにぶつかって、〝やけど〟して、戻ってくればいいんだ、みたいなことを言っていました。好奇心を大事にすべきです。好奇心がなくなってしまった「老人」ってつらいですよ。若いときに擦り切れないようにしなければ。あとはチャンスですね。海外経験も大きなひとつですけれど、いろいろなものを見てほしい。

●田辺　高校時代に海外に行くというのもいいですね。

●飯塚　海外経験とか、いろいろなものを見てほしい。猥雑な本も読み散らして、それはそれでいいじゃないですか。価値のないものは直に飽きますよ、どんどん好奇心のレベルが成長するから。

●出川　それでは次に20代、大学生、大学院生へのアドバイスにしましょうか。

●飯塚　大学生、大学院生は、専門性のエッセンスを見抜く力を養ってほしい。知識に価値がないとは言わないけれど、その奥にある思考法を深めてくださいということです。これは理系文系とかは関係ないでしょう。詳しい知識を持ち、記憶力が強いということにも価値はあるでしょうが、ある事象の新しい解釈とか、英語や外国語で説明するとこうなるとか、その中の本質をシンプルにつかまえる帰納的な理解力が必要です。それがあって演繹する力がつく。学問にはそういうものがたくさんあって、それをいくつかつかまえたらいい。物理学や化学をやっていて、この分子式が何と覚えるのもいいけれども、化学反応の基本的なスキームとか本質的なものを追いかけてほしいですね。

●出川　本質は何かを自分自身で追求してほしいということですね。

●飯塚　学校の試験も、辞書とか電卓とか、全部持ち込んでいいはずなのですよ。

●出川　評価というのはトータルな能力ですものね。

●飯塚　もちろん辞書も何も見ずにやるというのは、時間も稼げるし、語学なんていちいち辞書をひいていたら、ついていけません。それだけではなくて、その学問の真髄を、エッセンスはなんだろうということを、学んでほしいですね。

❖──新入社員に

●出川　では、次に新入社員ですが、技術系と限らなくてもいいかもしれません。

●飯塚　自分の経験でいうと、社会に出たときの体験って一生を支配するところがありますね。たぶん人間は、何歳になっても新しい環境に行ったときに行動や思考のパタンをリセットするからでしょうね。環境が変わると、特に生存に危機を感ずるような環境変化に遭遇したときに人間のシナプスは猛烈に増殖を始めるそうです。１００歳を超えてもそうらしい。日本の場合、一番環境が変わったと思う機会のひとつは、社会に出る時です。その時、学習能力が非常に高まっているのだと思うのですが、その時学んだ働き方が生涯ついてまわる。これは、自分の体験です。だから最初の職場を、甘く考えないほうがいい。企業の知名度とかそういうことではなくて、自分がどういうふうに仕事というものを始めるかです。

●出川　自分が仕事をどうとらえるかということですね。

●飯塚　最初のときは、仕事のやり方、考え方が、身にしみこむときです。というのは、心が白いキャンバスのような状態だからです。

別な話につながっていくことですが、転職があまりに少ない社会というのは、人間がそういう環境変化の危機を感じ、リセットされた状態になれる機会が少なすぎる。シナプスが増えない。そうすると、昨日と同じだというので、だんだんマンネリズムや老化のほうが勝っていく。

●出川　自分自身の中の時間との競争ですね。

●飯塚　転職すると、環境が変わると、生命の危機を感ずる。その危機感によって、シナプスの増殖能力が活性化されて新たな神経回路が形成されやすくなるのです。たとえば、高い木の上で枝を剪定するのを趣味にしているようなご高齢の方が、１００歳を過ぎてもかくしゃくとしておられる。緊張感が良く作用しているのだろうと思います。そういう生命の危機を感じない国営の会社のような所で働いていれば、シナプスの発生はその人の本来の能力を充分に引き出せない。だから、会社がつぶれても、税金でなんとかなると考え、俺がこの企業を立て直すぞという能力も元気も生まれ難い集団になりやすい。居心地がとてもいいのですけれど本当の永続性はない。税金を必死で納めている一般の企業に働く人達の納得感もなく、価値の創出よりも、そうした身分の奪い合いだけが熾烈な競争の場になる。

〝若い〟というのは、そういう環境が変わるチャンスとそれに耐える能力に満ちているときなのです。日本はもっと雇用をやわらかくして、ほどほどの生命の危機を、30代から60代まで、みんな感じたほうがいいのです。「40代定年」も、そういう意味ではいい。

サムソンをみていると40歳位が定年のようです。40で、幹部になるか、外にでていくかです。そうすると30代後半の自分のキャリア設計に対する真剣味が違います。誰でもゆったりとした環境でゆったりと働きたいと考えるものでしょうが、充実感と成長を手に入れるにはよく設計された緊張感の中に身を置くことが大切です。過剰なストレスも避けなければなりませんが、過剰な安定感も身を滅ぼすことにつながる。

●出川　50歳で死ぬならいいですけれど、80歳まで生きないといけないということに通じますね。

●飯塚　サムソンの場合、大変厳しい職場だと思いますが、残る人も努力の継続が必要だし、残れない人も次のキャリアに向けていろいろな人脈の開拓に熱心になる。どの世代の人も皆が頑張っているように見えます。

寿命が延びてますからこれまでの終身雇用はかなり改革が必要だと思いますね。

❖——30代から40代に

●出川　今サムソンの例が出ましたが、30代、中堅どころの人は何をすべきか。

●飯塚　キャリアプランをもう一回見直す時期なのではないでしょうか。

●出川　まさに30代半ばから後半は、自分の人生の後半の50年をいかに考えるかという時期ですね。

●飯塚　日本の大手の場合は、定年扱いは44～45歳でしょうか。もっと早いほうがいいですね。

●出川　私は昔から40歳定年と言っているのですが。50歳だと微妙に遅い。私自身は51のときに企業からの〝卒業〟を決めたのですが、やっぱりその前の10年間は考えているのです。私は30代後半にアメリカに行って、向こうの人にいきなり「おまえのロードマップはなんだ」って聞かれましたからね。それまではキャリアプランを考えたことがなかったのです。

●飯塚　自分の生涯の課題をきっちりすべき時期にきています。さっきの「継承」の問題とつながりますが、30代の人は少なくとも、30代が終わるまでに次の10年をどうするか考えるのは自然ですね。

●出川　考えないとそのまま老化してしまう。それでは40代はどうですか。

●**飯塚**　私は44歳で創業しました。今思うと、ちょっと遅かったと私は思います。44歳より5年か10年早く始めたかったと思います。40歳は、ある意味で最高の年齢ですね。いろいろな経験と知識とエネルギーとが漲っていて、殺しても死なないような雰囲気があって、その時期にはなんでもできるような気がしますね。その時期に我慢をしているのがいいのか、思い切り能力を使いきるほうがいいのか。

●**出川**　自分で企業の中に我慢しているか、出るのかどちらがいいのか微妙でしょう。

●**飯塚**　前にも話題に出た、ディズニーランドの待ち行列を連想させる日本の人事制度の話とも繋がるのですが、シェパードが飼い主のもとでひたすら「伏せ」をしているようなことが多い。本当はいろいろなことができるのにね。

●**田辺**　上から評価されるためには、与えられる「役」になるかどうかですね。

●**出川**　あまり飛び出ると切られちゃうし、寝てたら捨てられちゃうし。少しかっこいいことも言わなきゃいけないし。さあここでどう生きるかという話。ただ組織の中だけを見ていると、いまの「伏せ」型になるということでしょう。

●**飯塚**　台湾の友人には「40歳を過ぎて企業のトップでない限り人にあらず」みたいな激しいことを言われたことがあります。私は44歳で創業して、台湾の人たちとも合弁会社を作ったりいろいろやりましたけれど、大体相手は10歳下でした。「40歳になったら自分の責任でやる」というのが彼らの考え方なのでしょうか。世代の感覚が日本と台湾の皆さんとは10年ぐらいずれているのかもしれませんね。

●出川　「四十にしてたつ」という話ですね。50代はどうでしょう。

❖――ジャパナイズから脱出せよ

●飯塚　むずかしいですね。万人に共通して、何歳になったら何をしなさいと規定するのは可能なことかわかりませんが、次のフェーズを作るのもいい。個人差が大きくなってくる時期ではないでしょうか。

●出川　50歳になったら勝負はついてるという意味で、むずかしいということですね。

●田辺　自分自身がそれまで活性化しているかどうかですね。飯塚さんも出川さんも、大企業で働きながらアメリカに行かれた。それはひとつの〝転職〟ですね。そうやって企業の中にいても場を変えるという、そういう〝転職〟のすすめがあってもいいかもしれません。

●出川　大きい企業はそれができるのでしょう。

●飯塚　あと官僚もやっていますね。

●**田辺**　私も40歳前後の時にシンガポールに3年いたことがものすごく大きな刺激になった。そういう意味で、日本人が国内の似たような人とだけつきあっていてはシナプスが活性化しないので、私はアジアの人たちと付き合おうという会合「ＷＡＡ（We are Asians）アジア人の会」をやっています。アジアに関心のある日本人、日本に来ている中国の人、韓国の人、シンガポールの人といった人たちとの交流で、毎月1回、今年で丸15年やっています。「アジア人」の定義は、アジアのスケールで考えて、アジアを舞台に活動している人。日本のスケールで考えて日本で活動している人は「日本人」。生まれはどこでもいいのです。アメリカ人だろうとアジアで活動していたら「アジア人」。目的は日本人をアジア人にしようということです。

●**飯塚**　シンガポールは今もいいですね。シンガポールで次の世代に渡せば、国が税金で召し上げないし。そういう世界的な研究をしなければいけない。

●**田辺**　日本はもっと学ばなきゃいけない。

●**飯塚**　アメリカの80年代の腰の低さはすごいですよ。日本から学べと、当時は東芝の現地法人の社長にいろいろな企業が講演させたりしてました。うまく行っている国の人達から学ぼうという姿勢が印象的でした。

●**出川**　米国の場合は学ぶときの謙虚さがあったというのがすごいです。

●飯塚　じゃあ日本は何をしたかというと、日本の失われた10年と呼ばれる90年代は何もやっていない。オバマが何を言っているかというと、韓国に学べと言い出した。80年代はちゃんと日本に学ぶことがあったけれど。

●田辺　反面教師として日本は見られているのでは。

●飯塚　いまは海外は、日本を例にして、ジャパナイズを防ぐべしと言われています。

●出川　昔の「英国病」みたいにならないように少なくとも我々が精一杯努力するということで終わりにしましょう。

あとがき——大震災を乗り越えよう

冒頭に述べたように、本稿の元となった鼎談は3月11日の東日本大震災発生の前に行なわれた。いま日本は地震・津波・原発事故の三重の災いを伴う歴史的な大震災の襲来で大きな悲しみと課題とに直面している。被災された方々の一日も早い復興を強く願うものである。

この不幸な震災は必ず日本の大きな変換点を作ることになるだろう。非常に多くのことを考えさせられる巨大震災であるが、2点について述べ、あとがきとしたい。

震災発生を私は海外で知った。あの巨大な波が大きな建物や船舶をまるで玩具のように押し流してゆく画像に接して、最初に思ったことは、本書でも述べたチベット修行僧の「砂の曼荼羅」のエピソードであった。被災地では多数の方々が、長い年月をかけ、愛を込めて育んできた家族や知人達との絆を、そして営々と丹精込めて築き上げてきた富や事業を、巨大な力によって、なす術もなく一瞬にして奪われた。あの瓦礫の跡地に佇んで何を思っただろうか。

いったい人の営みや努力とは何なのか。これから再び立ち上がる心の拠り所は何なのか。それに較べればベンチャー事業など小さなことかもしれないが、しかし事業を続けていれば、それなりの喪失感を何度も何度も味わわされる。事業のみではない、永年思いを込めて育てた人財、いや家族関係をも失うことすらある。ビジネスとは殺戮の場でさえあることは経営者しか実感できないものかもしれないが、気の遠くなるような喪失感と、反対の達成感の深い喜びとは紙一重で存在する。そうした喪失感に打ちのめされたときに、やはり拠り所がなければ人は生き続けることは難しくなる。東北の喪失感はあまりに大きく、自らの努力のみでなく、多くの人々の長期支援もなくてはならない。しかしこの砂の曼荼羅は、人の営みの意味の一部、拠り所のひとつの考え方を教えてくれるものだと自分は解釈している。

もうひとつ、この震災で強く感じたことは、リスクに対する考え方の課題である。今回の震災の困難の大きさは地震と津波に加えて、原発事故という3つの災難と闘わなければならないことにある。復興の最大の障害が原発事故だが、これは人災と言わざるを得ない。想定した危険の大きさが過小で、その根拠が非科学的であったことが、技術屋上がりの人間としては非常に悔しい。

長い歴史を注意深く見れば類似の巨大津波の記録は存在していたと聞く。それを想定したスペック（仕様）での腰をすえた原発の設計開発は、決して不可能な技術レベルだったとは思えない。原発反対派との1か0かの議論の中で、安全神話とコストに対する過剰な主張で、自らまで「説得」せざるを得なかったのかもしれない。絶対の安全神話の建前が、竣工後30数年も経過する間に生み出されていた多くの技術革新を既存施設の改良に活用するという発想も阻害してしまったのではないか。

いまや本州の北半分の広大な、かけがえのない大地で、放射能汚染レベルの上昇がはっきりと計測できる。それが数十年は消滅しない。こうした深刻な結果をもたらす設備の設計と実施に「想定外」はありえない。少なくも史実を曲げての「想定外」はありえない。

レベルはさまざまだが、厄介物のリスクと生きることとの縁は切れない宿命にある。しかし本書の中でも述べたように、リスクはリターンの源泉でもあるということも忘れてはなるまい。継続する環境変化がさまざまなレベルのリスクを生み、我々の生き方、事業に常に影響を与える。わがザインの事業も創業後まだ20年程でしかないが、常に好調と不調を繰り返し体験してきた。現在も大きな困難と闘っている最中である。しかしどんな場合でも活路があると信じて、それをつかまえる苦労が実業を営む者の特権、醍醐味と捉えたい。

日本では、リスクからの過剰な逃避志向が、常在するリスクをむしろ大きくしてはいないだろうか。少子高齢化、国際競争の激化、新興国の追い上げ、経済の沈滞、社会保障の構造悪化、実に多くの増大する課題を抱えながらも、それと正面から取り組まずに、痛みを避け、自律した解決から逃げようとしているように見える。どこかの誰かが、あるいは「国」が無料でやってくれるという妄信。しかし、国費、国債、税金とはすべてが実は自分自身、国民自身が既に負担したもの、そして将来も負担するものであることを忘れてはなるまい。法人が納める税も従業員や経営者という国民の負担である。「ただ飯」はありえない妄想である。

あってはならない不幸な大震災であるが、自律した存在としての日本人が復活する契機にしなければならない。それは、リスクを正しくヘッジでき、イノベーションに挑戦でき、ベンチャー起業を志す人々や成長を志向する企業家たちが活躍できる普通の先進国になるかどうかに直結しているからだ。

今回、出川さん、田辺さんとの鼎談は箱根離宮の静かな空間で、フローの状態とも言うべき時をご一緒させていただいた。日頃の思考を触発・整理していただく貴重な機会となった。また言視舎、杉山さんの熱心な取り纏めがなければ本書は実現しなかった。各位に御礼を申し上げたい。

２０１１・６・８　飯塚哲哉

飯塚哲哉氏

新たな日本に向けて

東工大のＭＯＴ大学院には、企業トップをゲスト講師としてお招きし、ご自身の経験や考えをご講演いただくとともに、質疑応答・意見交換を通して、イノベーション経営を実践する経営者のあり方を学ぶ「経営者論セミナー」という学生に評判のいい授業があります。私はこの授業の企画・運営を担当しており、東工大ＭＯＴ大学院がスタートしてすぐに、飯塚さんにぜひともゲスト講師に来ていただきたいと考え、お願いしたところ快諾いただき、期待通り学生たちを大いに刺激していただきました。

今回の鼎談において私自身大きな刺激を受けたのは、飯塚さんの「日本に技術があるというのは幻想にすぎない」、「ファブレスが有利という時代はもう終わりつつある」、「日本には世界的に見て大企業と呼べる企業は非常に少ない」などの発言です。いずれも常識や過去に囚われない柔軟で鋭い洞察です。

また、「悩みを波長で考える」、「十字架は福音になる」など、厳しい状況のなかで真摯に取り組み、未来を切り拓いてこられたことが伺えて、感銘を受けるとともに、元気づけられました。最近あるベンチャー経営者から「幸運は女神の顔をしては絶対にやってこない。なぜ自分だけがこんな目に合わなければならないんだと思う時が、運がついてきた時だ」とお聞きしたことを思い出します。

最後に、東日本大震災という大きな試練に直面する日本において、これまでの常識から決別し、新たな社会を構築していくために、飯塚さんの経験や見識が凝縮された本書が役立つことを確信しています。

田辺孝二

田辺孝二氏

鼎談を終えて

箱根離宮での飯塚さん、田辺さんとの2日間は、多忙な日常から離れて日本のイノベーションの未来実現への集中したフロー状態に近い刺激的で豪華な時空間となった。

本書を手に取って内容を拾い読みされたかたは、主役の飯塚さんのひらめきの言霊が目にはいる。あるときは、大きく飛躍し拡散しながら多くの試行錯誤体験に基づいている現実のしたたかさ、鋭さなどを併せ持っていることを感じ取られると思う。別の表現としては輝くだけでなく、ずしりとこころに響くものがあることに気付かれるだろう。

今、日本の製造業において、その規模の大小を問わず発想の転換が大きく求められているなかで、その方向性に関する知識と知恵（イノベーションの必要性とマネジメントの方法論）はわかってきている。その次の実行課題として、まさに意識の変革が求められてきていたわけであるが、その意識の変化は、起業家精神と呼ばれるもので、本書はその仕組みと考え方に焦点を当てた本になったといえる。

今回の鼎談の後に、歴史的な２０１１年の大震災が起こり、その復興のなかでの意識の奥底に潜む魂の叫びというものが明確になった。我々に今後必要な多くのヒントを得られたことも大きな成果かもしれない。

本書は理科少年シリーズの⑤として上梓されることになった。飯塚さんの頭脳と精神の発言に潜む理科少年の純粋さ、そしてそれと融合されて出てくるものを、読者がつかんでくれることを期待している。それはイノベーションの実践への考え方とビジネスに変換する仕組みの源泉ととらえていただければよいかと思う。

いつもながらこのような貴重で得難い時空間の場を提供いただいている言視舎の杉山さん（シリーズ④までは彩流社企画）には心より感謝申し上げる。

出川　通

出川　通氏

ァ」を設立。

2007年2月　中期方針「Act3-3-3」—「第3の創業」により3年間で新製品利益力を3倍に

2009年1月　戦略市場—画像処理（ISP事業をM＆A、事業統合完了）
Act3-3-3目標達成(10%超過)。

2010年1月　中期経営戦略「TACK123」スタート
携帯電話向け世界最高速画像処理LSI事業製品の量産出荷開始。
本社を東京都丸の内へ移転。

ザインエレクトロニクス略史

1991年5月　**パブリックな企業を目指しTHine(yoursの古語)と命名**

茨城県つくば市に株式会社ザイン・マイクロシステム研究所を設立。

資本金3,200万円。半導体メーカーからの受託設計を開始。

1992年6月　**サムスン電子とのジョイントベンチャー**

株式会社ザイン・マイクロシステム研究所と三星電子株式会社（韓国）との合弁により、東京都中央区日本橋大伝馬町にザインエレクトロニクス株式会社を設立。

資本金3,000万円　三星電子（韓国）向けメモリー開発設計を開始。

1997年2月　**第2の創業―自社ブランド・ファブレス半導体メーカーへ**

ザインエレクトロニクス株式会社について、三星電子との合弁形式による経営を発展的に解消することで合意。

自社ブランドによる液晶ディスプレー向けデジタル信号処理チップのサンプル出荷開始。

1998年5月　**戦略市場―フラットパネル・ディスプレイ、テレビ**

ザインエレクトロニクス株式会社の第一次第三者割当増資を実施。資本金1億5,300万円。

液晶ディスプレイ向けデジタル信号処理チップの量産出荷本格化、半導体ファブレスメーカーのビジネスモデル完成。

2000年10月　**海外展開―日本・台湾から世界市場へ**

Taiwan THine Electronics, Inc.を台湾現地法人として設立製造委託管理・台湾市場の販売統括体制を強化。

2001年8月　**IPO―パブリックな企業存在への第一歩**

JASDAQ市場へ新規株式公開（IPO）。

有償一般募集、資本金10億9,620万円。

2002年5月　**地域展開―各地の優れた頭脳・人財とともに**

ギガテクノロジーズ株式会社（京都）へ資本参加し連結対象子会社化。

2004年4月　**戦略市場―携帯電話・基地局**

高周波無線（RF）製品を量産出荷開始し、RF事業に参入。

2005年3月　**戦略市場―自動車**

車載用LSI製品の量産出荷開始。

HBS（ハーバード大学ビジネススクール）アントレプレナー・オブ・ザ・イヤー賞を受賞。

2006年2月　**アライアンス―日本の優れたチーム・人財とともに**

エレクトロニクス業界特化型ベンチャーファンド「イノーヴ

田辺孝二（たなべ・こうじ）

1952 年香川県満濃町生まれ。1975 年京都大学理学部（数学）卒業、2003 年東京工業大学大学院社会理工学研究科経営工学専攻博士後期課程修了、博士(学術)。

現在、東京工業大学大学院イノベーションマネジメント研究科教授。島根県民ファンド投資事業組合業務執行組合員。早稲田大学非常勤講師。

著書：クリステンセンほか『技術とイノベーションの戦略的マネジメント』監修（翔泳社、2007 年）

『東工大・田辺研究室「他人実現」の発想から』共著（彩流社、2010 年）ほか

出川通（でがわ・とおる）

1950 年島根県生まれ。1974 年東北大学大学院工学研究科修了後、大手重工業メーカーで研究開発成果から各種の新事業を創出した。2004 年（株）テクノ・インテグレーションを創業、代表取締役。工学博士。内外の企業において研究開発から新規事業へつなげるイノベーションのマネジメントとしてのＭＯＴのコンサルティングを行なっている。早稲田大学・東北大学・島根大学・大分大学・香川大学客員教授なども歴任し、学生や社会人などの理科少年マインドの復活を目指して奮闘中。

著書：『実践図解最強の MOT 戦略チャート』（秀和システム、2010 年）

『技術経営の考え方：ＭＯＴと開発ベンチャーの現場から』（光文社新書、2004 年）

『図解入門ビジネス 最新 MOT(技術経営の基本と実践がよ～くわかる本』（秀和システム、2009 年）

『新事業創出のすすめ』（オプトロニクス社、2006 年）

『図解　独立・起業、成功プログラム』（秀和システム、2007 年）

『理科少年が仕事を変える、会社を救う』（彩流社、2008 年）

『産業革新の源泉ーベンチャー企業が駆動するイノベーション・エコシステム』共著（白桃書房、2009 年）など

連絡先　degawa@techno-ig.com

飯塚哲哉（いいづか・てつや）

1947 年、茨城県生まれ。70 年、東京大学工学部物理工学科卒、75 年、同大大学院電子工学修了、工学博士。

1975 ～ 91 年、株式会社東芝勤務。1980 ～ 81 年、米国ヒューレット・パッカード社 IC 研究所駐在。91 年、株式会社ザイン・マイクロシステム研究所設立、代表取締役就任（2000 年、ザインエレクトロニクス（株）に吸収合併）92 年、ザインエレクトロニクス株式会社設立、代表取締役就任。

2000 年、「第 10 回ニュービジネス大賞」アントレプレナー大賞最優秀賞受賞。

01 年、ザインエレクトロニクス社 JASDAQ に上場。同年、EOY (Entrepreneur of the Year) JAPAN2001　大賞受賞。

02 年、日経 BP 社主催ベンチャー・オブ・ザ・イヤー受賞。同年、東洋経済賞アントレプレナー・オブ・ザ・イヤー受賞。

04 年、第 6 回企業家賞受賞。社団法人日本半導体ベンチャー協会（JASVA）設立、会長就任。

05 年、HBS（ハーバード大学ビジネススクール）Club of Japan より、Entrepreneur of the Year 賞を受賞。

06 年、国内エレクトロニクス業界初の業界特化型ベンチャーファンド「イノーヴァ」設立。同年、社団法人経済同友会 新事業創造推進フォーラム委員長 就任。同年秋の褒章にて「藍綬褒章」を受章。同年、政府税制調査会特別委員就任。

著書：『脱藩ベンチャーの挑戦』(PHP 研究所、2003 年)『いい仕事、いい人生、『時間を売るな！』』(祥伝社、2008 年)ほか。

装丁――山田英春
イラスト――工藤六助
DTP組版――勝澤節子

【理科少年シリーズ⑤】
「ザインエレクトロニクス」最強ベンチャー論
強い人材・組織をどうやってつくるか

発行日❖2011年7月31日　初版第1刷

著者
飯塚哲哉　田辺孝二　出川通

発行者
杉山尚次

発行所
株式会社言視舎
東京都千代田区富士見 2-2-2 〒102-0071
電話 03-3234-5997　FAX 03-3234-5957
http://www.s-pn.jp/

印刷・製本
㈱厚徳社

Ⓒ 2011, Printed in Japan

ISBN978-4-905369-07-3 C0334

言視舎　編集・制作の彩流社・理科少年シリーズ

シリーズ①　　978-4-7791-1032-0

「理科少年」が仕事を変える、会社を救う

「専門家」「技術者」というだけでは食べていけない時代…仕事と組織をイノベートするには「理科少年」の発想が最も有効。生きた発想とはどういったものなのか？エンジニアに限らず、どの分野でも使える知恵とノウハウ満載！

出川通・著

四六判並製　1500円＋税

シリーズ②　　978-4-7791-1039-9

これが〝零細ベンチャー〟の生きる道

起業の愉しみ

グローバル「零細企業」の経営者にして、約30社のベンチャー企業を創業させてきた筆者が、その経験を踏まえながら明かす「起業ノウハウ」のすべて！

小さい会社の楽しさ満載。零細企業経営者の皆様、読むとラクになります。

本間孝治・著

四六判並製　1600円＋税

シリーズ③　　978-4-7791-1049-8

【検証】東北大学・江刺研究室 最強の秘密

江刺研はなぜ世界中の企業から支持されるのか？

最先端技術ＭＥＭＳの世界的権威が語った「強さ」の秘密、「不況に打ち克つ」技術の本質、技術者の育成など日本の科学技術の現在を徹底討議・検証。キーワードは「理科少年」！

江刺正喜　本間孝治　出川通・著

四六判並製　1600円＋税

シリーズ④　　978-4-7791-1066-5

東工大・田辺研究室 「他人実現」の発想から

最強のＭＯＴとイノベーションを目指して。技術経営（ＭＯＴ）大学院で抜群の人気、東工大田辺研の強さの秘密を解明！　グローバル化時代における日本の技術戦略を徹底討議。キーワードは「他人実現」！

産学官連携の現場の知恵を満載。

田辺孝二　平岩重治　出川通・著

四六判並製　1600円＋税

※ご注文は言視舎でも承ります［電話 03-3234-5997/FAX 03-3234-5957］